U0045305

天下‧文化
BELIEVE IN READING

自由工作的未來

零工經濟趨勢的機會與挑戰

THRIVING IN THE GIG ECONOMY

瑪莉安‧麥加蒙 Marion McGovern 著

許恬寧 譯

謹將本書獻給最優秀的家人

傑瑞、摩根、諾拉、凱文

身為這個部落的一分子是世上最美好的零工工作

| 推薦序 |

新時代的創業技能

喬治‧詹德隆（George Gendron）
《公司》雜誌總編輯

　　過去 20 年來，我做著新聞出版業最美好的工作。我領導的創意團隊打造《公司》雜誌（Inc.）這個品牌，推出史上成長最快速的「Inc. 五百強公司」（Inc. 500）排行榜與 Inc.com 網站。同事與我在 1980 與 1990 年代有幸記錄從工業年代走向由創業與創新帶動經濟的變遷過程。

　　最初沒人注意到我們在說什麼，畢竟我們只是一群初出茅廬的小子，但後來彼得‧杜拉克（Peter Drucker）等大師級人物也加入探討，事情開始變化。杜拉克將新興的創業經濟稱為「20 世紀下半葉最重要的發展」。

　　今日的美國再度出現新變化，雖然才在初期階段，但無疑正在起飛，影響著所有人。本書作者麥加蒙稱這是「零工經濟」（Gig Economy）。在我創辦的新事業「SOLO 計畫」（The Solo Project）中，我和夥伴則命名為「SOLO 運動」（solo movement）。不論你選擇要用哪個詞來稱呼，

重點是這次的轉變涉及「今日的經濟如何完成工作」。從某些角度來看，這一波的浪潮甚至比《公司》雜誌先前記錄 1980 與 1990 年代的情況更加明顯，這次的轉變與「個人」有關，在個人層面上深深影響著我們每一個人。

我認為今日的經濟雖然持續在創造工作，但愈來愈少工作是以「職缺」的形式出現。科技與全球化帶來的快速變遷，造成工作愈來愈被「分割」成專案的形式。現在很多人要找工作時，不是到外面找固定的職務，而是想要找到挑戰，想辦法讓自己加入接案經濟。換句話說，如今的趨勢不是找到一份工作，而是替自己設計工作，而且在創造個人專業與財務安全上負起責任。

我和事業夥伴與成千上萬人閒聊或訪談，其中包括商業界、金融界、學界、政策圈最聰明的人士。然而，他們依舊以為這些事還很遙遠，只會發生在「未來的工作市場」。但該怎麼說才好呢？套用流行作家的話：「未來已經在這裡，只是還沒有讓每個人都碰上。」（The future is already here , it's just not evenly distributed.）*

我和夥伴與奈特基金會（Knight Foundation）合作，替都會領導人針對這個「未來的」SOLO 現象做過研究，結果發現幾件事：

---

* 這是著名科幻小說家威廉・吉布森（William Gibson）說的話。

◆美國智庫蘭德公司（RAND）與普林斯頓大學（Princeton University）最近合作的一項研究顯示，2005 年至 2015 年間，傳統勞動力的全職工作完全沒有成長。同一時間，從事非典型工作（alternative work arrangement）的人口卻增加 67％。報告的結論是：「相關估計的重大含義是，美國經濟所有的淨就業成長，似乎皆為非典型工作。」

◆最新的年度蓋洛普（Gallup）勞動力調查顯示，僅 32％的美國工作者用心投入工作，卻有高達三分之二的自雇工作者滿意自己的工作。

◆從傳統工作改為獨立執業（indie work）、而且靠自己撐過 12 個月以上的人，80％無法想像回到傳統工作的情況，包括當初被公司解雇的非自願獨立工作者（involuntary soloist）。

　　對一些人來說，這樣的情況讓人興奮不已，TED 創辦人理查‧索爾‧沃爾曼（Richard Saul Wurman）對這個機會做了總結：「這是人類史上第一次一個人有辦法靠著追求有趣的工作來設計人生。」我和夥伴想要補充一點：這次我們可以和自己仰慕與信任的夥伴，替我們敬重的客戶，一起做有趣的工作。

　　然而我和夥伴也明白，對許多人來講，這種轉變十分嚇人，需要一套新技能與心理準備，畢竟我們從小到大都

被教育要成為組織裡的一份子。

我們需要再教育，需要一種能協助我們打造技能、培養出成功性格的教育。如果說管理思維問的是：「我們如何能使組織變得更好？」現在我們急需解答的新問題是：「我們如何能使自己的**工作**變得更好？」

本書就是解答這個問題很好的起點。

自我成長的書汗牛充棟，不過這本不一樣。首先，或許對創業界來說最重要的一點是，本書的內容經過實地測試。你很快就會看到，這本書的作者成年之後，大多數時間都在打造公司架構，幫助其他人實現創業夢想。早在1980 年代晚期，也就是「獨立專業人士」（independent professional）還被當成因為找不到好工作才自己創業的年代，麥加蒙就已經推出廣為成功的平台，替獨立顧問創造市場。她的 M 平方公司（M Squared）登上《公司》雜誌500 大成長最快速企業，我和同事也就是在當時第一次與這位令人敬佩的女性見面。

麥加蒙接著又在 1993 年成立 Collabrus 公司，這是第一家處理乏味但不可或缺的法規遵循與薪酬管理服務公司，幫助獨立外包人員（independent contractor）處理勞動問題。2001 年，她出版《新時代的專業人士：獨立顧問、自由業、臨時經理人正在改變工作的世界》（*A New Brand of Expertise: How Independent Consultants, Free Agents, and Interim Managers Are Transforming the World of Work*），今天，帶著這本書，她仍然利用自身的專長，與追求好工作的新世代分享心得。

　　創業不是一種工作，而是一種生活方式。選擇獨立執業，其實和成立由創投資助的公司一樣，都是一種創業。在這樣的一場旅途中，你不會想找個新手當導師。你會想要一個曾經創業、並成功創業的沙場戰將，他不會忘記心理與情緒方面的挑戰，就和策略與戰術一樣重要，而這一切麥加蒙全都能提供指引。各位如果無法按下快撥鍵打電話給麥加蒙，那閱讀這本書就是最好的選擇。

詹德隆 20 年來擔任《公司》雜誌總編輯，他是麻州克拉克大學創業中心（entrepreneurship center at Clark University in Massachusetts）創辦人暨董事、「SOLO 計畫」共同創辦人與理事長。「SOLO 計畫」為輔導獨立專業人士與創意人士的新創事業。

Contents 目錄

| 前言 |

未來的職場

「太陽底下沒有新鮮事，只有你不知情的歷史。」
——美國杜魯門總統（Harry S. Truman）

　　2015 年的夏天我受寵若驚，因為突然有三間公司聯絡我，想借重我過去經營 M 平方顧問公司（M Squared Consulting）的經驗。我在 1988 年成立 M 平方公司，2005 年賣掉，但直到 2014 年都繼續擔任董事。當年 M 平方公司是個創新者，率先依據客戶的專案需求，在美國媒合獨立的專業人才。我們在「零工經濟」成為專有名詞之前就提供相關領域的服務。在離開公司兩年後，我在兩個月內連續接到好幾通電話時，很好奇大家怎麼會一下子找上門。

　　有家創投業者想替因為家庭因素而離開職場的專業女性打造人力市場平台。這個平台會替這些女性找到零工，訓練她們使用最新的職場工具，還提供上班族媽媽論壇；另一通電話來自私募股權公司，它們想替東非隨需求調整的能源產業（on-demand energy industry）工作者打造人力市場平台。找人到油田工作並不容易，所以建立合格人才

庫可以解決生產缺工的問題；最後一個聯絡我的是兩位成功的科技創業家，他們正在建立初階專業人士的人力市場平台，目標是去除聘雇流程中的人類監督需求。這個人工智慧的前台有跟一般大學申請流程相似的篩選機制，功能是找出符合初階管理水準的最佳應徵者。

以上三間公司全都具備「人力市場平台」（marketplace platform）的要素，而且至少有一家（人力篩選網站）被視為今日職場的重要顛覆者，其他兩間則瞄準大市場中被忽視的區塊。然而最重要的一點或許是，這三間公司全是由科技業人士創立的科技事業。雖然三個平台都想為人力資本創造平台，但是「人」並非它們的重要考量。簡單來講，研發那些服務的人，從來不曾經營或投資過服務產業，甚至沒接觸過軟體服務產業。

我的公司特色是協助客戶藉由「以人為本」的精神，建立虛擬顧問服務組織，因此在與這三間公司討論時，我著重流程中「人」的因素。我詢問三間公司與女性顧問、油田工作者、新鮮人之間的互動本質，質疑為什麼自由工作者會想與他們的網站結盟，企業客戶又為什麼要使用他們的服務，最後發現這三間公司並未仔細考慮需求端的銷售模式。我問他們如何確保有零工的工作，其中一位創投業者漫不經心地回答：「從 Google 上抓所有開放的職缺就好了。」我實在不好意思明講，顧問市場不是這樣運作的。

儘管如此，我們還是討論營收模式、智慧財產權議

題、契約考量與隱私權的問題。這樣的腦力激盪過程十分有趣，我也因此明白零工經濟界進一步的演變。

相關的討論促使我重新思考自己經營已久的隨選顧問（on-demand consulting）市場。人力市場平台以飛快的速度建立起來，然而它們的演算法是否真能取代策略判斷？依據我的經驗，客戶會找仲介幫忙，為的是省去麻煩，不必自己篩選雪片般飛來的自動推送與線上履歷表。M 平方公司如果說：「我們建議您可以先和瑪麗、亨利、克里斯這三位人選談談，理由是……。」許多工作太多、壓力太大的經理人會鬆一口氣。優秀的演算法是否真的有相似的可靠度，可以去除流程中「人」的要素？如果我們真的仰賴「人」來帶動所有的事業創新，在人才取得流程中提供服務的人，難道不具備某些價值？此外還有其他相關的問題，例如到處都是人力市場平台的時候，顧問該怎麼做？加入所有的平台？還是該精挑細選，把機會賭在一兩個最喜歡的平台？

此外，我住在舊金山，也就是 Uber 及活躍的競爭者 Lyft 的發源地，因此不停會聽到共乘市場平台的故事，以及相關公司如何對待自己的人類夥伴（司機）。討論的重點永遠是 Uber 司機應當被歸類為「員工」（employee）或「契約工」（contractor），結果，零工經濟的其他面向都被忽略了，似乎沒有人在談我熟悉的高階顧問，也沒有人談高階顧問在零工經濟的經驗。

因此我決定重溫 2001 年出版的《新時代的專業人士》，那本書專門探討高階獨立顧問與他們提供服務的市場，除了解釋當時的新現象，還提供指引給希望利用相關服務的企業，而且提供最佳實務給希望走上獨立執業道路的顧問。雖然企業希望利用隨選人才的理由在今天仍舊沒變，但大環境變了，因此高階零工工作者的專長培養、自我行銷、簽訂服務契約的方式也得跟著改變。同樣的，今日的企業得以藉由眾多管道覓得專業人才，內部的審查流程也變得更為重要。

此外，公司必須改變內部的組織方式，才能有效利用零工工作者。更重要的是，公司必須以新方式培養勞動力。今日的企業除了運用零工工作者，也得讓員工做好準備，未來成為零工工作者。

我很興奮能夠重溫這個主題，一個原因在於我已經不再是這個市場的一份子。雖然在寫《新時代的專業人士》時力求公平公正，但那依舊是替 M 平方公司行銷的一本書。這次寫書時已經沒有私人利益，我可以直言不諱地說出對企業、商業模式、產業發展的觀察。此外，也因為我被視為是獨立的觀察家，這次有更多業界人士願意與我對談。

他們知無不言，而為了更了解零工經濟世界的新面向，我必須去了解自己不知道的歷史，就像本章一開始引用杜魯門總統說的話。我採訪各行各業的新數位平台公司

執行長、營運長、技術長，深入了解針對高度專業人才（例如電腦安全專家、大數據科學家）所設計的新平台。我請教僅提供特定人才（例如網紅或資深專家派遣）的特殊顧問公司，還與開發相關系統的創業者見面，探討調動顧問、管理獨立外包人員與約聘人員等勞動力的合約與薪資事宜。此外，與我會面的創業者也開發平台，讓獨立顧問得以取得與購買在這個新世界工作所需要的保險與退休方案。最後，我也與各領域專家見面，了解我們處於這波潮流的高峰，還是才剛起步，進一步了解未來的職場。

我除了做訪談，自己也加入新零工經濟，或該說是**進一步**加入，因為依照定義來看，我原本就算偶爾從事獨立工作的人（Occasional Independent），固定會接零工，還擔任兩份有給職的董事（詳細的定義請見本書第 2 章）。我加入所有符合資格的數位平台，也加入幾個大概沒資格加入的平台，以求了解那些社群的運作流程與溝通方式。我很想知道，究竟有多少平台能幫我找到零工工作。最後我加入 9 個平台，其中有 3 個向我建議可能的工作機會，但只有 1 個工作符合我的背景。那是有趣的數據，但也就只有 1 個數據而已。本書第 5 章將解釋，如果要讓相關平台替你媒合工作，需要費心經營，而我因為要寫書，過了一段時間後就沒經營了。

此外，我也成為數位平台的客戶，找專家替我設計個人網頁，也利用數位平台提供的市場研究服務，取得這個

新職場中不同參與者的資料。我的網頁設計專案最後成為一場噩夢，前前後後找了兩個國家的三位工作者，才終於能以想要的方式設計網站。等事情終於開始有進展時，又花更多力氣去彌補先前的服務提供者犯下的錯誤。對於最終的成果我並不滿意，我新找的程式設計師菲爾（Phil）也不滿意，雖然他因為這樣賺到更多錢。那次當平台客戶的經驗讓我學到很多事，雖然有時事情出乎意料，而且經常有挫折感，但這幫助我更進一步了解最新的情況。

此外，我甚至考慮過要去當 Uber 司機，但我開的是捷豹（Jaguar）敞篷車，通常會打開車頂，因此這份工作似乎不太可行。

我和朋友與同事談到這本書時，意識到一件非常重要的事：許多人不曉得這個新人力市場有著各式各樣的商業模式。舉例來說，非常需要大數據科技人力市場的企業執行長，根本不曉得有這樣的網站。我和大家討論我的發現時，某個美國西岸大型顧問公司的經理鬆了一口氣，認為終於有人出來說明這個新興的職場。我回答說：「我只能盡力了。」

結果就生出這本書，我希望有及時趕上這波浪潮，替這個熱門主題提供一點洞見。從某些角度來講，時機或許太過剛好。我的第一本書《新時代的專業人士》沒有章節注釋，但這本書平均每章有 10 個注釋，原因是每週、甚至每天都會出現零工經濟的新資訊。我在 2016 年 1 月開

始研究，這中間出現四本詳細探討這個現象的專書、三個大型產業研究，其中最引人注目的是麥肯錫全球研究院（McKinsey Global Institute）針對這個主題提出第一份全面性的報告，此外還有五項產業研究出爐，包括 MBO 夥伴公司（MBO Partners）的年度報告《美國獨立工作者現況》（*State of Independence in America*）。這份報告是業界相當重視的資料來源。人力資源產業分析師（Staffing Industry Analysts）這個產業顧問公司也提供新的研究報告《零工經濟評估》（*Measuring the Gig Economy*）。我有時會感覺自己快被資料淹沒，雖然盡全力弄懂相關內容，但這個任務並不容易，因為每一份研究各自有一套研究方法，有不同的假設，因此得出不同的結論。我努力蒐集最重要的實際情況，好讓讀者了解零工經濟的內部情形。

我做了大量的研究，但這本書不從學術的角度探討「零工經濟」這個新職場世界如何運作與成長、「零工經濟」又為何會興起。本書將專注討論相關潮流最重要的面向，說明個人與企業將如何受到影響，解釋數位人力市場與人才世界之間的關聯，簡單扼要的說明相關市場的特色與成本結構。

雖然這不是一本工具書，不過我希望提供一個清楚的解釋，說明零工經濟的參與者（工作者、客戶公司、服務提供者）如何能在這個新市場成功。我一開始先從零工經濟的定義談起，確保我們有一致的見解，避免各說各話。

接著討論零工經濟的成員，包括他們的人數、背景與動機。此外，自然也得討論為什麼企業會需要這些自由工作者，以及如何運用他們，還有可以讓工作者需要了解的一些事情。接著會比較「傳統仲介商」與「數位人力平台」兩者的不同，以及個人如何能善用相關工具。本書將深入探討個人品牌的經營，包括如何打造數位發聲管道。此外，我還會解釋零工經濟工作模式的法律議題，以及管理個人業務的實用訣竅，雖然許多人可能覺得沒那麼有趣，但同樣很重要。我的用意是提供讀者架構，讓各位自行摸索出在新職場世界成功的思維。

本書的架構設計是要確保讀者讀完後能夠真正得到收穫。各章分別討論銷售策略、訂價、合約條款，以及打造最有利的獨立工作環境等等，希望能對目前的零工工作者與正在思考加入零工行列的人提供真正的協助。此外，我也會提出成功經營業務的指引、提供熱門的自由工作者app、討論獲利方式，以及提供建立獨立工作者社群的建議。每一章的結尾都提供「要點回顧」，強調想要成功就必須了解的重點。

雖然零工經濟的世界日新月異，我還是得談一下可能的未來。簡單來講，趨勢會持續發展，前途看起來一片光明。儘管如此，零工經濟的成長將在未來幾年帶來必須解決的諸多法律、管制與社會議題。如同大家經常提到，韋恩‧格雷茨基（Wayne Gretzky）之所以能成為冰球名將，

原因是他會預測冰球的行徑方向，我希望讀者也能靠著預測未來將出現的變化，成為更成功的零工經濟參與者。

　　構思本書的內容是一場大冒險，我在這個過程之中學到太多東西，迫不及待要與各位分享，就讓我們開始吧。

「萬一說服不了對方，那就打迷糊仗。」
——美國杜魯門總統

第 1 章

什麼是
零工經濟？

最近談到零工經濟的新聞滿天飛，全球似乎冒出大量的研究與計畫，瞄準這個新職場世界。除了政治人物開始討論，記者、企業家、政策制定者也都在關切。奇怪的是，這些討論似乎都在各說各話，隨便舉幾個近期的新聞標題就看得出來：

2016 年 3 月 17 日《中小企業趨勢》（*Small Business Trends*）的大衛‧威廉（David Williams）報導：〈**有報告提到，高技術專業人士將稱霸零工經濟**〉

2016 年 3 月 28 日《華爾街日報》（*Wall Street Journal*）的喬許‧詹布魯恩（Josh Zumbrun）報導：〈**整體線上零工經濟可能以 Uber 為主**〉

2016 年 3 月 4 日美國網路財經媒體 *Quartz* 的雷貝卡‧史密斯（Rebecca Smith）報導：〈**零工經濟的好處大多是美夢一場**〉

2016 年 3 月 31 日美國八卦網站 *Gawker* 的漢彌爾頓‧諾蘭（Hamilton Nolan）報導：〈**零工經濟正在成長，後果不堪設想**〉

2016 年 3 月 6 日《金融時報》（*Financial Times*）報導：〈**普華永道加入零工經濟，推出線上人力市場**〉

我很難從同一個月出現的幾篇報導中整理出共通點，或許這是我的問題。一方面，零工經濟的成員主要是高技

術專業人士，但另一方面也可能其實只有 Uber 司機。此外，零工經濟的好處可能只是幻覺，然而備受推崇的會計業界龍頭普華永道聯合會計事務所（PWC）顯然不這麼看，它不但砸下資本，還投入數位人力市場。然而另一方面，儘管有普華永道這樣的市場領導者進入零工經濟，又有人說零工經濟的未來是噩夢。相互矛盾的說法到處都是，究竟哪一個才對？

誠如作家王爾德（Oscar Wilde）所言：「真相很少純粹，也絕不簡單。」零工經濟正是如此。部分問題出在用語：不只大家心中的零工經濟代表不一樣的東西，就連「零工」（gig）這個詞也眾說紛紜。大家沒有共同的語彙，因此討論的起點不同，各說各話。還有其他相關的議題，例如各家科技平台搶著進入這個領域，但許多參與者缺乏福利與社會安全網的保障，進而引發種種社會爭議。一切的一切加在一起，使得這個主題過於龐雜，但並非如此。現在就讓我們深吸一口氣，從取得共識開始。

零工經濟的定義

讓我們回到起點，對「零工經濟」（Gig Economy）的看法形成共識。網路字典 Dictionary.com 列出「gig」這個詞的幾種解釋，在「雙輪馬車」、「魚鉤」、「軍隊的記過」之後，接下來第四個定義是：

一、一次性地擔任專業人員，一般為短期工作，例如
　　爵士或搖滾樂表演。

二、任何短期或期間不確定的工作。[1]

第一個提到的解釋在 1920 年代爵士樂風靡美國時被
廣泛使用，樂手通常稱在樂團的工作為 gig，不論為期一
個晚上或一個月。類似的用法還有兼職樂手稱自己的表演
工作為 side gig（副業）。

後來又出現其他的 gig 用法，尤其是在經濟大蕭條時
期，企業開始雇用以日薪計酬的工作者。全國就業法計畫
（National Employment Law Project）副主任瑞貝卡・史密
斯（Rebecca Smith）指出，今日的 Uber 與 Instacart 等大
型零工經濟公司只因為是在網路上營運，就號稱自己與傳
統的雇主不同，「然而事實上，它們的營運方式和昔日的
農場勞工承包商、成衣批發商、臨時派遣中心沒什麼不
同。」[2]〈世界經濟論壇報告〉（World Economic Forum
Report）也指出：「雖然以數位形式連結人與工作很新奇，
但臨時工（ad-hoc work）或自雇工作（self-employment）
並不是新的現象。」[3]

直到 1980 年代，gig 的概念才延伸至「所有涉及高技
術的工作」。1980 年代的企業併購浪潮重新定義勞動市場
前景。因為 1980-1984 年間一連串的併購帶來大型的組織
重整，過度擴張的企業遭受通貨膨脹與國際競爭的雙重打

什麼是「Job」？

既然探討 gig 這個字的起源，那就別忘了我們對 job 這個字的理解其實也是到相當近期的經濟大恐慌之後才出現。只要翻開字典，同樣也會發現 job 有很多定義。《牛津英語詞典》（*Oxford English Dictionary*）中，job 的第一個定義是一個人在固定工作或職業中的「一個任務」。再來還有其他五花八門的定義，我最喜歡的定義是「犯罪行為」，例如：「they did the bank job」（他們搶了銀行）。整形手術也可以用 job，例如：「隆鼻」（nose job）。今日多數人心中 job 的意思則是「固定薪資的就業」，但這個定義排在字典的很後面。最後一個有趣的冷知識是，job 可能源自中世紀的「糞堆」。可真諷刺，不是嗎？

擊，導致在 1985-1989 年間，自《財星》五百大企業（*Fortune* 500）消失的企業數量達到史上新高。企業不說「解雇」，改講「組織縮編」，更委婉的說法是「合理精簡人力」。由於企業聘用的員工減少，再加上全新的「即時生產」管理哲學推波助瀾，許多管理職位因而消失，帶來第一波現代自由工作的商務人士。

「自由工作者」（freelancers）向來是創意產業的常態；廣告創意總監靠著旗下的自由工作者建立名聲，包括文案、插畫家、攝影師等等。

電影產業也一樣，自 1940 年代起一直是自由工作者市場。在 1920 年代剛發展時，產業垂直整合，演員、導演、編劇、技術人員替製片廠工作，製片廠還擁有電影院。那段時期被稱為「片廠制度年代」（studio system years）或「好萊塢的黃金時代」（Golden Age of Hollywood）。那時以公式電影著稱，演員在類似的劇情裡飾演差不多的角色。當時的電影商業公式是「電影人才＝領製片廠薪水的人員」（想想佛雷・亞斯坦〔Fred Astaire〕與金姐・羅傑絲〔Ginger Rogers〕主演的老片就知道了）。不過，這個制度在 1948 年發生變化，當時美國最高法院判決，製片廠必須賣掉自己的經銷管道。在此同時，電影界還面臨另一個新危機：隨著科技進展，帶來「電視」這個新型媒體。

片廠制度瓦解後，電影產業的人才開始掌控自己的職業生涯。經紀公司成為人才的市場創造者，保護各種專業人才的工會開始興起。事實上，今天有許多人根據電影產業這段相似的歷史，指出零工經濟的工作者必須組成工會。在今日的電影界，拍攝一部電影的方式是聚集編劇、演員、布景設計師、副導演、場務等來自各領域的人士，殺青之後大家各自解散，繼續去做下一個零工工作。

主流商業世界的零工工作比較晚才出現，直到 1980

年代，財務、行銷、人資等核心商業領域的獨立顧問才開始掛出自己的招牌，大量成立自己的事業。接下來到了1990 年代，科技改變商業溝通模式，而且促進流動性，相關趨勢加速發展。

其他因素也帶動這種創業的發展趨勢。1989 年時，協助女性選擇與管理專業職業生涯的全國性組織「女性促進會」（Catalyst）創辦人菲莉西・舒華茲（Felice Schwartz），發表如今很有名的文章〈媽媽軌道〉（Mommy Track），重新探討女性在企業中碰上的玻璃天花板現象。她指出育嬰假與照顧家庭的責任，妨礙女性在美國企業升遷的可能性。儘管如此，許多女性選擇不一樣的未來，其中一個是結合自己的職業專長與個人生活所需的彈性。擁有良好工作資歷的高學歷女性為了掌握自己的人生，變身成為顧問。

同樣的，也有人因為希望寫出偉大的美國小說、製作家具或寫歌而選擇成為顧問。靠著顧問的工作收入，得以從事賺不了太多錢、但較能帶來成就感的創意工作。舉例來說，在我的 M 平方公司，某位頂尖顧問曾是全球最大型銀行的國際人資長，但他的興趣是雕塑。由於當雕刻家是一種會把全身弄髒的職業，他想要一個有更多彈性的職業生活，有辦法一整天都不必進辦公室。在那些日子裡，他可以專心追求自己的興趣，不必擔心大理石粉塵四處飄散的問題。

因應獨立工作潮流而產生的新型公司，提供買方企業

與賣方顧問的媒合市場，例如我的 M 平方顧問公司就是這個領域的先驅。坦白講，我們當初成立時，市場不曉得我們在做什麼。我們擁有獨立顧問網絡來與「專案」媒合，協助客戶滿足商業需求。（補充一點，我們早在網路問世前就有這個顧問網絡，但講這件事只是在洩漏我的年齡。）一方面，我們就像是人力仲介公司，因為我們的人員收費較高。但另一方面，我們的服務也像是獵人頭公司，因為我們鎖定有特殊專長的人力，不過我們的顧問扮演的是臨時性的角色。然後再說一次，我們也像顧問公司，因為我們處理和麥肯錫（McKinsey）或埃森哲（Accenture）等知名顧問公司一樣的高階問題，爭取相同專案。M 平方顧問公司在準備起飛的新興市場提供混合型服務。我們是推動工作流程、讓各方都能省時省力的仲介商，我們提供高價值的服務，因此值得付錢給我們，為引人注目、攸關公司成敗的零工工作找到正確人才。

過去 10 年間，市場發生劇烈變化，新科技讓相對低價值的大型服務市場得以發展。行動通訊今日無所不在，app 大量出現，再加上美國多數市中心過著一天 24 小時不打烊的匆忙生活，人們願意花錢讓自己的生活更便利，例如在 Instacart 找人幫忙買菜，或是搭乘 Uber 前往目的地。多數人稱這種追求便利的做法為「隨選經濟」（On-Demand Economy）。投資人判斷，雖然相關新公司提供的是相對低價值的服務，由於追求便利的需求夠多，依舊有利可圖。

本書第 2 章將進一步探索誰是零工工作者，本章先將「零工」定義為**任何領域中期間不定的工作，包括司機、自由藝術工作者或臨時執行長**。歷史上的「零工」是指暫時性工作，不論是由勞工爭取，或是透過人力派遣公司、人力資源公司或數位人力平台取得的工作。**零工經濟**因此指的是支援這類獨立工作的公司與商業體系。

隨選經濟

　　隨選經濟是在零工經濟這個人分類下的一個類型，指的是源自數位市場的經濟活動，藉由「立即」提供商品與服務來滿足客戶需求。值得注意的是，「立即」是相對的。我現在就需要交通工具，意思是說，我要 Uber 司機盡快出現在面前，實際上，如果等半小時就太久了。然而，如果我立即需要一位臨時財務長，我不會期待打開門就可以看到那個人（坦白講，真是這樣也會覺得很怪），如果能一兩天內就找到人就很棒了。這麼說來，立即性會根據需要尋找何種技能而定。

　　而技能也會增加其他參數去影響決定，例如我不在乎誰透過跑腿兔（TaskRabbit）* 幫我送乾洗的衣物，但我的確在乎我的經理請產假時，誰負責我的行銷部門，所以一

---

* 幫忙跑腿或倒垃圾、搬貨、送快遞的平台。

個額外考量是我需要這個人多久。同理，如果是短程乘車，即使是碰上天底下最愛聊天的 Lyft 司機，所有人都能忍一下，但如果我需要 6 個月的專案經理，我想了解究竟是誰會擔任這個職務。雙方合不合得來或對方適不適合就變成其中一個考量因素。

有的人主張，客戶的需要多立即，要看客戶是企業還是個人；B2C（business-to-consumer，企業對消費者）市場的立即性比 B2B（business-to-business，企業對企業）市場短。然而，也有一些人會向 Upwork（軟體設計師與創意自由工作者的數位市場）或美國格理集團（Gerson Lehrman Group，專業人力平台）等市場購買服務。例如我將部分產業研究交給 Zintro 旗下的專家。事實上，2015年時，26％的零工經濟工作者花 1,010 億美元雇用其他獨立工作者。[4] 圖 1 以需求的立即性為架構，了解不同商業模式認定的立即性。

全新的隨選經濟世界有個關鍵，就是這奠基於科技平台，並由平台負責處理財務交易。在技術光譜的高階部分，平台的演算法會設計用來把「客戶需要的實務技能」，與「個人工作者的必備資歷」拿來配對。成功媒合的數量愈多，演算法就會愈進步，因此有先行者價值；也就是說，一開始就取得最大量專案的公司，有辦法讓演算法進一步變得更完美。（第 6 章會進一步討論人力平台世界）。

▌圖 1：需求立即性示意圖

需求愈緊急、愈短期，所需的技能愈少

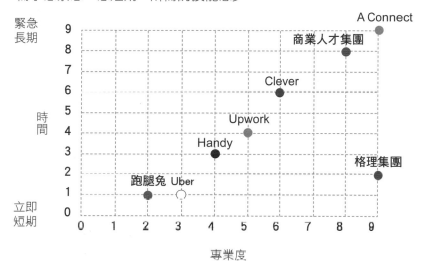

　　隨選世界的經濟原則是時間愈短，費用愈低。此外，專長愈大眾化，費用也愈低。因此在圖 1 左下方的平台是以大量與高效率的營運方式取勝，它們受惠於網絡效益（network effect）：在網絡中的用戶與零工工作者愈多，就會產生愈多成功媒合的數量，網絡的價值也就愈高。

　　從勞動法規的觀點來看，左下角的公司面臨的挑戰最大。這類公司提供低技術服務，多數業者從成本最低的商業模式起家，自稱為「獨立外包人員」（independent contractor），而不是「員工」（employee）。依據美國法律的規定，由於獨立外包人員並非員工，所以無法享有員工一

般享有的福利，例如公司不會幫忙負擔薪資稅、有薪假、健康保險、退休金方案等等。這些由雇主負擔的相關福利成本估計占薪資成本的 32％至 37％左右，也難怪許多隨選服務公司最初認定旗下的工作者是獨立外包人員。

另一方面，如果是員工，就得依據嚴格的薪資與工作時數規定管理，因此少了這些角色需要的彈性。然而隨選服務的特色，就是工作者可以自由安排行程。按照這個邏輯推論，相關工作者不該被視為員工。

麻煩的是，相關領域的法規充其量來說是模棱兩可，因為法律並未明確定義獨立外包人員（詳見第 7 章）。由於缺乏獨立外包人員的法律定義，於是開發一個考量代理法（agency law）與其他因素的判定方式。美國國稅局將最常使用的架構整合成「20 條標準」（20 Points），來判斷獨立外包人員，例如獨立外包人員使用自己的工具、有能力承擔財務損失、未受公司培訓等等，但問題在於不一定需要符合所有條件才算獨立外包人員，而且某些條件比其他條件重要，因此誰是獨立外包人員、誰是員工，定義十分模糊。過去 20 年間，美國企業利用 20 條標準判別工作者身分時，最重要的兩個判斷依據是公司是否可以指揮與控管這個人；如果你指揮或控管某些人的工作，那他們是你的員工。

許多隨選服務公司正在改變對待旗下零工工作者的方式，例如雜貨快遞服務 Eden 決定對員工有更多控制，以

改善顧客滿意度。提供調理食品送餐服務的 Munchery 需要進一步控管行程，這樣才能確保員工將餐點準時送達。同樣的，代客泊車服務 Luxe 必須指派泊車人員到特定地點，才有辦法確保服務範圍。在上面這三個例子，控管都是關鍵。雖然相關企業可能因為種種原因改變商業模式，很難想像不是為了避開政府的雇傭訴訟，例如背後有 4,000 萬美元創投資金支持的房屋清潔服務 Homejoy，因為未能及時改變商業模式，最後在 2015 年關門，會出現這種情況的一個原因是旗下工作者在法律上有身分歸類錯誤的問題。

美國政府關切這些經濟活動的發展。從後見之明來看，美國勞工部（Department of Labor）2005 年做出欠缺考量的決定，停止公布暫時性經濟（contingent economy）的定期報告，後來又在 2016 年 1 月宣布將在 2017 年 5 月再度恢復相關研究。各方的政治人物要求加強監督隨選經濟的聘雇做法，增加管理規定。參議員伊莉莎白‧華倫（Elizabeth Warren）最近提到相關聘雇議題時指出：

> 這些問題的禍首並非零工經濟。事實上，對於無法在疲弱的勞動市場中養活自己的工作者來講，零工經濟是權宜之計。人們大力讚揚零工工作可以提升工作的彈性、獨立性、創意，對於處於某些情境下的部分工作者而言，那些優點或許是真的。然而對許多人來講，零工經濟只不過是退而求其次的選

擇。在所有好處都跑到前 10% 的人手中的世界裡，他們無法獲得經濟保障。[5]

（第 10 章會進一步討論這對各位與各位的公司代表的意涵。）

共享經濟

在開始探討零工經濟之前，還必須了解另一個重要的詞彙：共享經濟（Sharing Economy）。雖然零工經濟和共享經濟經常被混用，但並非同義詞。「共享經濟」是指在點對點的層面上分享實體資產的經濟活動，代表性的例子是房屋共享服務 Airbnb。一個人可以出租自己全部或部分的房子給需要租借度假住處的人。雖然主人可能需要替客人整理一下屋子，但這並非客人購買的服務：度假人士買的其實是一晚的房間使用權，而不是屋主提供的夜床服務（turn-down service）＊，因此產品是「暫時的住房」。

其他資產也可以納入共享經濟，目前有好幾種點對點的出租平台，例如借貸俱樂部公司（Lending Club）讓個人可以集中金融資產，放款給需要資金的個人或企業。共

＊這是指旅館房務人員在下午五、六點客人用餐時，幫房客調暗光線、鋪床等營造睡眠環境的服務。

網紅平台 CLEVER 公司

　　凱特・林肯（Cat Lincoln）開始與網紅合作時，已經在行銷產業經營 20 年。網紅是一種新的口碑行銷方法，又稱「意見領袖行銷」（influencer marketing）。網紅是品牌行銷或公關計畫的自然延伸，靠部落客、IG 網紅、YouTuber 等網路名人講出真實的品牌故事。凱特的商業模式是打造一個專業社群媒體意見領袖的付費網絡。這個族群以歧異性大、高度獨立出名，但也愈來愈受追隨他們的社群信任。

　　CLEVER 旗下有數千名網路意見領袖，範圍遍及寵物、專業運動員等領域，專門替財星五百人企業量身打造行銷計畫。意見領袖行銷產業最初的主力是「媽咪部落客」（mommy blogger），如今也在美食、時尚、美容、運動、科技與 DIY 市場上一直成長。CLEVER 是業界的領導者。

　　意見領袖通常依據每個專案來計費，每分享一則內容可以得到 50 至 100 美元。如果是較為複雜的「要求」，例如需要製作原創的產品影片，價碼可達數萬美元。對於社群媒體上有固定追隨者的專業網紅而言，CLEVER 提供另一種零工收入的來源。

享房貸公司（Share a Mortgage）是倫敦的新創公司，允許個人集資購買不動產。此外，eBay 也是一種共享平台，個人可以販售手工藝品、祖母的古董餐桌椅等等。

值得一提的是，有時共享經濟分享的部分資產是無形的，此時共享經濟與零工經濟之間就出現交集。舉例來說，德國漢堡（Hamburg）的沙發音樂會公司（SofaConcerts）讓人能在家中替付費的客人招待音樂家。眾人可以分享的東西除了居家空間，還有體驗（音樂表演）。類似的例子還有舊金山的 EatWith 公司可以讓主人開放自己的家，替一群有趣的陌生人舉辦晚餐派對。共享房子與餐點，但準備食物的工作交給了屋主。屋主可能是專業廚師。從那個角度來看，被購買的東西是專長。

不過，共享經濟與零工經濟有個重要差異：共享經濟是指購買涉及實體資產的服務或體驗，零工經濟則是購買在時間期限內由個人提供的服務。零工經濟高價值的那端，交易內容可能包括無形資產，像是零工工作研發出的智慧財產權，但不涉及實體資產。同理，如果提供服務的價值主張包含一定程度的迫切性，共享經濟可能與隨選經濟有重疊之處。如果我明天需要寄放我的狗，DogVacay 提供在一段期間內照顧寵物的服務。我可以透過那個平台，依據需求選取服務。

此外，共享經濟的另一個特點是，從創業者到政策制定者，有許多人都期望這個經濟架構能更善加利用資產，

減少浪費。當車庫裡已經停放那麼多車的時候，為什麼還要生產更多車？出租車內空間的法國公司 BlaBla Car，共享的是長程旅途中的空座位。創辦人表示：「最初的創業動機是看見浪費的情況，看見路上跑的車子有空位令人無法忍受」。[6] 寄售平台 ThredUp 則標榜利用這個平台回收衣物，或取得僅穿過一兩次的衣物，藉此減少個人的碳足跡與浪費。

共享經濟、隨選經濟，以及數位人力市場都是以科技平台為基礎，共同的特徵是在網路上處理交易支付事宜。人力資源產業分析師顧問公司（Staffing Industry Analysts）是研究相關工作最重要的專業機構，它把從交付工作到付款這整個完全在網路上進行的人力平台交易過程，定義為「人才雲」（Human Cloud）。[7]

這個常見的交易特色是摩根大通研究所（JP Morgan Chase Institute）2015 年對收入波動進行研究的核心。這個研究率先利用大數據來了解新科技平台帶來的影響。摩根大通的研究團隊研究 26 萬名客戶的帳戶存款，區分主要薪資收入與來自數位平台的額外收入，將勞力平台定義為隨選零工公司（on-demand gig company，例如 Uber 與跑腿兔）與資本平台（capital platform，例如 eBay 與 Airbnb）。研究人員發現，從平台使用者身分、使用頻率、占個人收入比重等角度來看，平台之間各有不同。[8]（下一章會詳細解釋以上提到的差異。）

　　Uber 與 Lyft 等共乘服務或許可以視為零工、共享、隨選工作，因為它們同時符合這三種不同經濟架構的定義：司機擁有資產（車子），因為牽涉交易，所以也是一個共享經濟服務。司機利用考照合格的駕駛專長，在不特定的期間暫時執行開車的工作，因此也可以被視為零工。此外，這項服務通常有急迫性，所以也是隨選經濟。此外，Uber 與 Lyft 皆由 app 負責交易中的財務環節。

　　總而言之，這些詞彙經常交替使用，全都彼此相關，卻有些許不同。許多公司與服務之間有重疊之處，具備共通的流程，但也有著有形或無形資產、專業程度、急迫性等方面的重要差異。

　　最後要提到的是，雖然零工經濟經常出現在新聞裡，但對許多美國民眾而言，零工經濟依舊是新現象。最近皮尤研究中心（Pew Research）的研究顯示，高達 89％的美國人不清楚什麼是零工經濟。根據皮尤研究中心的定義，這是指「廣泛接觸共享、協作、隨選服務的現象，高度集中於特定人口。」[9]我對於這個研究結果的解釋是，這裡的零工經濟定義被限制在數位平台世界。其他研究亦顯示，雖然愈來愈多人加入零工經濟，但相較於整體勞動力，參與者還是相當少。

　　然而，其他統計數據顯示，零工經濟也許更為廣泛。第 2 章會進一步討論，最近的研究估算，在零工經濟裡有 4,400 萬個獨立工作者[10]，另外還有 2,900 萬人將在近期成

圖 2 ▎新經濟

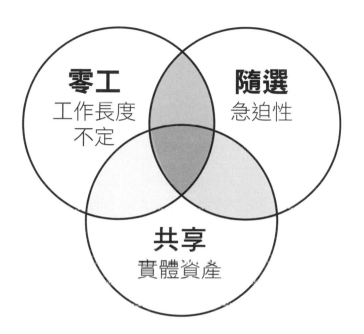

為獨立工作者[11]，總人數加起來超過 7,000 萬人，約占美國經濟 21%，皮尤研究中心得出的數字不太尋常。

　　或許有一定比例的相關工作者不把自己看成零工經濟的一員。之前提過，這些研究可能專注在共享經濟與隨選經濟，未利用相關平台的獨立工作者可能因此沒被納入研究範圍。另一種可能性是研究人員並未區分不同詞彙間的細微差異，因為他們沒有機會看到這本書。

要點回顧

◆ 零工經濟是指一種經濟價值，源自於愈來愈多人從事期間不定的工作，不同於本質上有明確工作時間的傳統聘雇。

◆ 隨選經濟是零工經濟的其中一個項目，是一種在接到要求時提供產品或服務的數位市場經濟活動。

◆ 隨選經濟與零工經濟的關鍵差異在於需求的立即性，立即性則要看服務要求的技能程度與零工的工作時間長度。

◆ 共享經濟是指涉及點對點交易的經濟活動，提供涉及實體資產的商品或服務。

◆ 共享經濟與隨選經濟會使用科技平台，這個平台也會處理交易付款事宜。

「有一件奇怪的事是，今天如果你擁有所謂真正的全職工作，
你是少數人。這個世界已經改變，但很少人發現這件事。」
——查爾斯・韓第（Charles Handy）
《第二曲線》（*The Second Curve*）

第 2 章

零工經濟的規模

大眾文化通常是觀察社會變遷很好的一面鏡子，我在1960 年代長大，當時的影集《小英雄》（*Leave it to Beaver*）中，克萊佛一家人（Cleavers）是電視上的標準家庭。劇中的爸爸沃德（Ward）是一名忙碌的主管（雖然從來不曉得他在哪裡上班），代表著「兢兢業業替公司付出的員工」。媽媽六月（June）是家庭主婦，戴珍珠，穿圍裙，負責照顧瓦利（Wally）與主角畢佛（Beaver）兩個兒子。沃德的工作很穩定，你知道有一天會順利退休，在多年的認真服務下會得到退休金和紀念金錶的獎勵。今日收視率稱霸的影集《摩登家庭》（*Modern Family*）則不一樣，劇中傑（Jay Pritchett）自己開一間小公司，菲爾（Phil Dunphy）是房地產經紀人，因此是獨立外包人員，卡梅隆（Cameron Tucker）是在家照顧孩子的爸爸，從事打鼓的零工工作。這些人看來未來都拿不到紀念金錶……。

一個很有趣的觀察點是，今日的影集再也看不到替公司奉獻一生的人。20 年前進入職場的新鮮人，希望找到一份能長期做下去的工作，如今生於 1980 年代至 2000 年的千禧世代，則知道自己第一份工作大約會做一年到一年半。從前許多人全心全意爬上去的職場階梯，現在依舊是某些人步步高升的管道，但對多數人來講則比較像墊腳的凳子。

 企業「墊腳石」的隱含意義

職場流動性愈來愈高的現象,背後有許多原因。1980年代與 1990 年代的企業裁員與出走潮,戳破替公司付出就會有幸福人生的神話。2001 年震驚世界的安隆(Enron)破產案,讓無數員工的退休金化為烏有,進一步加深雇主不一定可靠的印象。* 長期保障是過去的事了,而長期保障又是人們會忠於工作的關鍵因素,忠誠度因而下降。

這個模式一直持續。最近一份針對獨立工作者的心態調查發現,金融海嘯在 2008 年至 2010 年間摧毀 870 萬份工作,37 歲至 51 歲的 X 世代受害最深,許多人因此成為獨立工作者。就業平台 MBO 夥伴公司的獨立工作者年度調查顯示,在這個群組的獨立工作者中,47%感覺先前的雇主不明白他們的價值,因此決定成為獨立工作者。[1]

就這樣,許多流離失所的專業人士不再努力爬上企業階梯,改為掌控自己的人生,展開獨立顧問事業生涯。這樣就不會因為失去一個客人,就失去所有的收入。同理,未來扮演的角色與潛在收入,將不再受制於遙遠總公司裡某個人的決定。獨立有風險,但也會帶來回報,例如可以獲得安全感。有的人覺得這聽起來違反直覺,然而能夠掌

---

* 安隆是在美國德州的能源公司,因為作假帳而宣告破產。而許多員工將退休金投資在公司股票上,也化為烏有。

控自身的命運，的確是多數人成為獨立工作者的關鍵原因。

科技也是獨立顧問出現爆炸性成長的原因。從前成為某個雇主的員工後，得花幾個月的時間學習內部制度、高度替公司量身打造的專案，還有隨之而來的企業流程，了解「我們這裡的做事方法」是很重要的事。對員工來說，在組織裡學習到非正式與正式的公司制度知識，是能在組織內升遷的寶貴技能。對於需要讓員工精通內部複雜程序與體系的組織來講，熟悉制度的員工因此成為資產。

然而，在過去 10 年，愈來愈多企業把營運移到雲端，利用熱門平台將辦公室的基礎設施標準化，例如電子郵件通訊就靠 Gmail，顧客關係管理就靠 Salesforce。不同公司可能會有較為複雜、量身打造的特殊用途系統，然而「我們這裡的做事方法」不再那麼神祕。新人學會 Salesforce 後，擁有那個平台的知識讓雇主對他們更感興趣，新人因此也具備更多遊走業界的能力，有更多可以選擇的墊腳石，看是要繼續在公司裡努力往上爬，還是要當顧問，成為自由工作者。

同樣的，Upwork 與 Hourly Nerd（最近更名為 Catalant）等人才媒合平台亦推動自由工作者的浪潮。行為經濟學家理查・塞勒（Richard Thaler）在《推出你的影響力》（*Nudge*）中指出，人們比較會選擇「感覺上容易」的選項。30 年前，如果你決定打造獨立顧問職業生涯，你

不但得對自己的專長極度有自信，還得有能力推銷自己。現在，愈來愈多的數位媒合平台出現，讓你輕鬆就能做出相同決定。除非是要求高階專業能力的領域，不然申請加入人才媒合網絡很簡單，通常只需要 LinkedIn 的檔案。這麼容易就能加入，「推」了工作人士一把，有的人因此考慮成為自由工作者，使得需求供給方程式中，加入「供給方」的腳步加速。

在美國，人人可以加入「平價醫療法案」（Affordable Care Act, ACA），這是另一個把民眾「推」向自由業的因素。我在 2001 年寫下第一本書時，無法加入健保向來是部分人士不得不拋下獨立生活、又回去當員工的原因。商業人才集團（Business Talent Group）執行長裘蒂‧米勒（Jody Miller）認為：「平價醫療法案」促成今日獨立工作者的趨勢持續成長。（不過這項法案近期可能出現變數，第 10 章會討論市場因此受到的影響。）

此外，使用者不確定能否信任自由工作者的專業長才，這時數位人力平台可以協助消弭這個障礙。阿魯‧薩丹拉徹（Arun Sundararajan）最近出版的《共享經濟》（*The Sharing Economy: The End of Employment and the Rise of Crowd Based Capitalism*）指出，採取新平台技術時，讓信任數位化的重要性。[2] 今日的民眾因為使用過 eBay 或 TripAdvisor 等已經問世一段時間的平台，開始靠著網路上的使用心得，信任其他人雇用過的陌生人與陌生公司。如

"

我的申請冒險之旅

　　為了蒐集資料，我申請加入多個數位媒合平台，希望不只是知道平台界面，還能進一步了解平台的流程與參與者。2016 年春天，我申請加入今日更名為 Catalant 的 Hourly Nerd。這個網站的賣點是提供名校畢業的 MBA 顧問。網站藉由電子郵件地址確認申請者的資格，應徵者必須使用畢業的商學院電子信箱。雖然我的母校加州柏克萊大學哈斯商學院（Haas School at UC Berkeley）符合平台要求，但我無法註冊，因為我畢業的時候還沒有電子郵件。

　　我聯絡網站負責人，解釋我念商學院時，電子郵件還沒發明，我知道公司不想歧視年長的 MBA，所以我想知還能以什麼樣的方式登錄。隔天我就被接受了，對方寄來的電子郵件寫著：「雖然我們要求顧問利用母校的電子信箱加入，不過為了方便您加入，我們不要求您這件事。」我的結論是，他們的管理團隊裡大概沒有人超過 40 歲，也很少有資深顧問申請加入這個平台。要不然早就會考量到我的情況。值得留意的是，等 11 月我的女兒也申請加入時，網站已經不要求提供商學院電子信箱。

"

同 Uber 請用戶每次搭車後替司機評分一樣，專業服務的
世界也請契約工的客戶，對在平台上取得的服務打分數。
對許多使用者來講，評分系統成為篩選供應商／產品的依
據，例如亞馬遜用戶只向得分高的賣方買東西。評分系統
可以提升信任感，增加需求方使用服務的意願：一樣都沒
見過面，雇用顧問 X 比較安全，因為她以前在別人那裡做
得不錯。

換句話說，「墊腳石」或許很短，但數量多很多。傳
統的工作模式是提供服務給自己擔任員工的公司，這樣的
模式依舊最為普遍，大概不會一下子就消失。儘管如此，
非典型的工作安排讓工作者享受自行掌控生活、彈性、多
元等好處，因此全球的參與人數正在增加。麥肯錫全球研
究院 2016 年的研究甚至發現，歐美有近 8,700 萬人偏好獨
立工作的生活形態。[3]

獨立工作者的人數

首先我得解釋一下獨立勞動力的數據問題。美國政府
在 2005 年中止對暫時性勞動力進行調查，因此這方面缺
乏官方的統計數據。眾家研究者試圖依據美國的 1099 報
稅數據或自雇工作數據來估算獨立勞動力，但這兩種方法
都有問題。以 1099 報稅數據為例，1099 數據可能包括與
W2 工作＊無關的股利收入。業界人士與智庫等民間研究

也在做這方面的研究，但估算出來的獨立勞動力規模與人數差異極大，例如以美國的獨立工作者究竟占工作人口多少比例來講，麥肯錫全球研究院的報告列出五份研究提供的數據（包含麥肯錫全球研究院自行做的調查），其中最低 16%，最高 27%。[4] 此外，麥肯錫全球研究院的報告並未納入人力資源產業分析師顧問公司（SIA）提出的數據。SIA 的報告甚至指出，獨立勞動力整整占全美工作人口 29%，比例更高。

零工經濟的數據更是五花八門，很難判斷哪份數據最精確、最符合實情。不同的研究方法與假設會帶來不同的結果。我在提供數據時會列出資料來源，不過也請注意，這些調查對於勞動力的看法有些微不同。

獨立工作者的定義

美國勞工統計局（Bureau of Labor Statistics）的「暫時性員工」（contingent workers）定義是「沒有簽訂明示或暗示會長期聘雇的合約」。[5] 有趣的是，這裡的「長期」並沒有明確定義，不過一般來講是指超過 1 年。儘管如此，某些長期的合約工作或顧問工作也可能超過 1 年。我做研究時，詢問獨立顧問是否感到自己屬於零工經濟的一

---

* 雇員工作，後文會再詳細解釋美國 1099 與 W2 工作的差異。

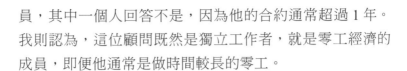

員，其中一個人回答不是，因為他的合約通常超過 1 年。
我則認為，這位顧問既然是獨立工作者，就是零工經濟的
成員，即便他通常是做時間較長的零工。

（順便補充一下，我是在 2016 年 11 月進行零工經濟
顧問調查〔Consulting in the Gig Economy Survey〕。受訪
者來自數個管道，包括邀請 M 平方公司的網路會員填答、
寄發連結給 LinkedIn 顧問群，我的部落格訪客也可能填
答。填答者皆為匿名參與，所以無法提供背景分析，參與
人數有 97 人。）

獨立工作者可以利用一至多個管道取得工作，人力資
源產業分析師顧問公司的報告則用下面的方式定義相關的
取得管道[6]：

◆ **獨立外包人員提供服務給企業。**這些人一般為自雇
工作者，或是從事多項職業的人，其中有許多為高
階人員。**（顧問／獨立承包商）**

◆ **受雇於人力外包公司、提供企業專案服務的顧問公
司。**這些人以「工作說明書」（Statement of Work,
SOW）的模式執行工作，雖然是顧問公司的員工，
但是會直接與客戶一起工作。（第 5 章將進一步討論
工作說明書。）**（SOW 承包）**

◆ **暫時性提供人力服務的員工。**這些人執行的業務範
圍包括文書、專業技能、管理等領域。**（人力派遣）**

◆ **利用數位人力平台接案的工作者。** Uber 或 Upwork 等人力平台屬於這個分類，但不包括 Etsy 或 Airbnb 等以產品為主的平台。（**人才雲**）

◆ **直接服務客戶外包需求的臨時工。** 包括學區出現需求時雇用的代課老師、季節性聘雇的零工。（**直接應徵臨時工**）

圖 3 ▏獨立工作者取得工作的管道

顧問／獨立承包商
2,350 萬工作者
占美國勞動力 15.3%

SOW 承包
290 萬工作者
占美國勞動力 1.9%

人力派遣
950 萬工作者
占美國勞動力 6.2%

人才雲
970 萬工作者
占美國勞動力 6.6%

直接應徵臨時工
550 萬工作者
占美國勞動力 3.6%

2015 年總數
4,410 萬工作者
占美國勞動力 29%

資料來源：人力資源產業分析師顧問公司（Staffing Industry Analysts）

這裡要特別指出，在顧問這個類別，專案工作的取得管道可能是透過個人的銷售能力，也可能是透過商業人才集團等仲介。本書刻意區分專業人才顧問公司（specialty consulting firm）與數位平台兩種仲介商，因為這兩者的商業模式相當不同。

專業人才顧問公司與數位市場

專業人才顧問公司（例如我先前成立的 M 平方公司）的做法是媒合獨立顧問，仲介方式有可能高度自動化，具備複雜的科技基礎設施，但通常會藉助一定程度的專業人力來輔助媒合過程。以更細緻的層面來講，專業人才顧問公司可能對最終的產出負責，也可能在工作執行期間擔任顧問的雇主。此外，專業人才顧問公司是工作說明書的關鍵參與者，會替自家的獨立工作者網絡對相關的工作說明書顧問流程提供輔助。

最重要的是，專業人才顧問公司視自己為顧問或人力資本公司，而不是科技公司，它們的品牌承諾是提供解決方案，此外，它們的品牌和名聲是顧問成為網絡成員的關鍵。以我的顧問調查來講，47％的人指出，顧問公司的名聲會影響他們決定是否加盟。這種想法很合理，假設 M 平方公司在科技業享有良好名聲，你又想替科技公司工作，你自然想加入 M 平方公司的顧問網絡。M 平方公司負責監督解決方案交付的前首席顧問克里斯·尼爾（Chris

Neal）表示：「重要的不是馬，而是騎士」。[7]

Upwork 與 Fiverr 等人才媒合公司則採取相反的做法，定義自己是科技公司。Fiverr 的執行長米夏・考夫曼（Micha Kaufman）甚至在播客節目〈工作大未來〉（Future of Work）指出，Fiverr 其實是一間仿效亞馬遜模式的科技公司，消費者可以在 Fiverr 的網站瀏覽與購買技能。[8] 這些公司透過演算法媒合技能，它們的商業模式是藉由拓展平台，使演算法更加精確。增加銷售的確重要，不過這類公司追求的成長是將平台拓展至各式市場，它們的品牌承諾是透過最佳演算法提供最佳媒合。

究竟有多少人透過數位人力平台接案，實在難以估算。美國商務部（Department of Commerce）最近公布的研究將這類公司定義為「數位媒合公司」（digital matching firms）。[9] 除了前面提過的數據問題之外，這份研究亦指出，相關的工作人數數據並不可靠，原因是許多數位媒合平台為私人公司，不願透露營運數據。麥肯錫全球研究院的報告則指出，在他們調查的獨立勞動服務提供者中，僅 8％利用數位平台找工作。[10]

PYMNTS.com 與 Hyperwallet 近期也做了〈零工經濟指數〉（Gig Economy Index）研究，對象僅限於數位平台市場，以十分狹隘的方式定義零工經濟，只計算透過數位平台或人才雲取得的工作。由於調查抽樣的方法不同，〈零工經濟指數〉的研究結果與其他研究相當不同。研究

人員調查 3,400 多名在行動裝置上購買服務的人，取得科技使用者的樣本。[11]

　　人口與趨勢行銷龍頭尼爾森（Nielsen）則指出，探討行動購買模式時，年齡是關鍵，50％的行動購買來自 21 歲至 34 歲的千禧世代[12]，因此這份研究的樣本偏向年輕人士，顯示年輕族群的行為與特質。研究人員依據智慧型手機的使用情形推論，估算約有 9,020 萬人利用零工平台找到工作。由於這個結論與其他研究相差甚遠，後面將不會採用這份報告的數據，但我在這裡特別提起，為的是強調數位人力市場近期引發的討論有多沸沸揚揚。

　　隨著以人才專業為導向的數位媒合平台愈來愈要求應徵者擁有更為資深與專精的技能，它們的商業模式也產生變化，更加重視應徵者的篩選，例如法律市場 UpCounsel 在 1 萬名應徵者中，僅收 400 名律師。數據科學家市場 Experfy 也一樣，2 萬名應徵者中僅收 3,300 人。為了提供真正高度專業的人士，這些平台更強調在篩選成員上。（第 6 章會進一步討論相關平台的流程。）

　　此外，資深與高階的獨立工作者也面臨不一樣的專案競爭，因為產出不再是提供服務。部分平台的競爭對手包括人力資本公司，以及高階的人力派遣公司，因為這些公司是高階人才的仲介者。此外，在最資深的專業層級，所有的市場參與者自然還會與自由工作者競爭；自由工作者靠口碑、轉介與既有客戶，直接拿下重要專案，無需透過仲介。

　　各位可以把整體的專業技能市場想成一個金字塔。這個數位平台金字塔的最下方是由人力派遣公司提供的低技術、低酬勞的一般工作機會；往上一階則需要較多技能與專長，包括司機、藝人、網路工作者、文案的平台，這裡的競爭來自專業人力派遣公司，有時還包括自由工作者本人；金字塔高層是高薪零工，相關的數位媒合平台數量很少，包括高度專業的市場參與者，以及專業人才顧問公司。不過，最重要的一點是，自由工作者因為握有寶貴專長，是這些公司要爭取的資源，同時也是它們的競爭者。

圖 4 ┃ 專業技能金字塔

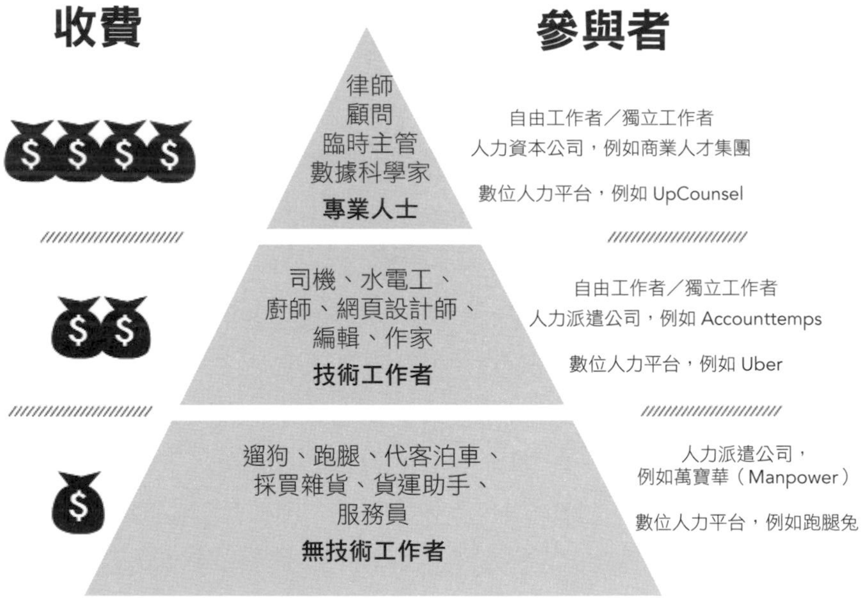

收費　　　　　　　　　　　　　　**參與者**

律師
顧問
臨時主管
數據科學家
專業人士

自由工作者／獨立工作者
人力資本公司，例如商業人才集團

數位人力平台，例如 UpCounsel

司機、水電工、
廚師、網頁設計師、
編輯、作家
技術工作者

自由工作者／獨立工作者
人力派遣公司，例如 Accounttemps

數位人力平台，例如 Uber

遛狗、跑腿、代客泊車、
採買雜貨、貨運助手、
服務員
無技術工作者

人力派遣公司，
例如萬寶華（Manpower）

數位人力平台，例如跑腿兔

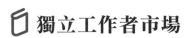 獨立工作者市場

　　金字塔頂端占零工經濟潛在獲利相當高的比例。需要累積大量工作經驗，可能還需要取得高等教育學歷，才爬得上去，收取更高的服務費。今日有哪些人士在零工世界討生活？今日的零工工作者可能是自由工作者、獨立顧問、獨立外包人員或專家，後面我會交替使用這幾種說法。

　　MBO 夥伴公司是專業人力派遣公司，已經服務獨立外包人員數十年，它們率先提供獨立工作者聘雇選項與專業服務，協助他們以更具效率的方式管理自身業務。此外，它們也帶動風潮，是業界唯一定期進行獨立工作者調查的機構。MBO 報告的優點是研究方法具備一致性，有辦法比較不同年度的情形。

　　2016 年公布的〈第六屆 MBO 夥伴公司獨立工作者現況年度研究〉（The 6th Annual MBO Partners State of Independence study）指出[13]：

◆ 獨立專業市場預計將在未來 5 年成長 16.4％。

◆ 這個市場目前的人數為 3,980 萬人（別忘了，這個數字是 MBO 夥伴公司自行定義的獨立工作者，不過這個定義和剛才引用的人力資源產業分析師顧問公司的報告大同小異。）

◆ 相關自由工作者 2015 年的收入超過 1.1 兆，占美國 6％的 GDP。

　　MBO 夥伴公司每年依據獨立工作在個人職涯中的重要性，分別研究全職獨立工作者、兼職獨立工作者與偶爾從事獨立工作的人，其中值得留意的資訊如下：

◆ 全職獨立工作者的定義為每週工作 15 小時以上，其中三分之二的人每週工時超過 35 小時。2016 年的全職獨立工作者有 1,690 萬人，比 2015 年的數據還低。報告推測背後的原因是經濟復甦導致部分獨立工作者重返固定工作。許多獨立工作者表示自己擁有組合式生涯（portfolio career），遊走於獨立顧問與雇用制度之間。有個顧問告訴我：「那只是一份為期 2 年的零工。」

　　近半數的全職獨立工作者提到，賺到的錢高過擔任員工時的薪水。16％（290 萬人）收入超過 10 萬美元。這個高收入族群每年成長 7.7％，平均收入達 19.2 萬美元。

◆ 兼職獨立工作者每週工作 1 至 15 小時，總共有 1,240 萬人。他們是為了賺更多錢才兼職，近 3/4 有其他工作，主要是全職工作，因此他們從事零工的時間較少。這個族群尚包括比較喜歡少量工作的退休人士。有的人則把兼職零工當成全職工作萬一發

生問題的備案。這個「救生艇」的概念，源自於擔心傳統企業無法保障經濟安全。

◆ 偶爾從事獨立工作的人則是為了補貼收入才做零工。我每次搭乘 Uber 時都會和司機聊天。以我沒用科學方式做出的非正式調查結果來看，有蠻高比例的司機都屬於這一類。我碰過按摩師、老師、退休人員為了多賺一點錢，跑去當司機，其中最有趣的是一位平日靠夢幻美式足球（fantasy football）的遊戲獎金維生的人，他開 Uber 只是為了有機會和人講講話。雖然各年齡層的人都有可能偶爾從事獨立工作，不過 1980 年至 2000 年間出生的千禧世代特別如魚得水。依據 2016 年的估計，偶爾從事獨立工作的人總共有 1,050 萬人，同樣略低於 2015 年的人數。

麥肯錫全球研究院探討獨立工作者市場時則不同，但同樣也分成幾個群組，例如自由工作者（free agent）是指將獨立工作當成職業生涯來經營的人士；賺外快者（casual earner）靠非典型工作，在平日薪資所得外增加額外收入。這兩組人都是自願成為獨立工作者，迫不得已者（reluctant）則寧願擁有全職工作。經濟困難者（financially strapped）也一樣，他們從事獨立工作是為了達到收支平衡。圖 5 是這兩個研究的比較。

圖 5 ┃ 獨立工作者市場 *

MBO 夥伴公司	麥肯錫全球研究院

獨立工作者

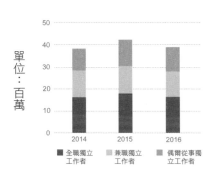

單位：百萬

全職獨立工作者　兼職獨立工作者　偶爾從事獨立工作者

美國獨立工作者

總數＝ 6,800 萬工作者

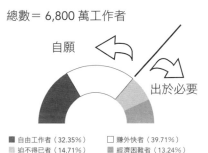

自願　　出於必要

■ 自由工作者（32.35%）　□ 賺外快者（39.71%）
▨ 迫不得已者（14.71%）　■ 經濟困難者（13.24%）

- 獨立工作者的收入總計有 1.1 兆，占全美 GDP 6%
- 全職與兼職獨立工作者成長率預計為 16.4%
- 2021 年時，獨立工作者將占美國 29%的非農業勞動力

- 獨立工作者整體滿意度高過傳統工作者
- 成為獨立工作者的關鍵原因：
  - ・自主性
  - ・彈性
  - ・掌控個人行程
  - ・不必聽老闆的命令

* 美國政府目前不再追蹤暫時性工作的統計數據，這裡的數據取自最好的兩個獨立資料來源。

資料來源：MBO Partners, "State of Independence Study 2016" & McKinsey Global Institute, "Independent Work-Choice Necessity and the Gig Economy"

全職的獨立工作者與麥肯錫全球研究院報告提到的自由工作者是高收入族群，大多是學有專精的顧問，學經歷亮眼，擁有特殊專長。他們是成千上萬自 1980 年代開始離開傳統職場的傑出專業人士與高階經理人。自〈媽媽軌道〉發表後，許多在企業任職的女性在 1990 年代大量出走，引發眾多企業關切。多數女性下定決心，轉換到較能按照自己意思安排的職涯。有著耀眼業界資歷的新世代傑出媽媽也跟著出走。在全美各地都有分公司的人力仲介媽媽公司（MomCorps），就是特別服務這一群獨立工作者。

　　離開知名顧問公司、華爾街、廣告公司的人士，同樣也發現自己開顧問公司比在大公司裡當個小齒輪賺得還多。對有些人來說，更重要的是，自立門戶更能掌控通常需要不斷出差的生活。最後，時間也是許多人考量成為獨立工作者的因素。人們希望擁有具挑戰性的工作，但也希望在工作之餘追求不同的人生道路，例如有的顧問同時也是劇作家、畫家、Salsa 舞者、衝浪運動員。獨立工作的生活形態可以讓人同時從工作與謬斯女神 * 那裡獲得滿足感。

　　兼職的獨立工作者當中，也可能有高度專業的人士，他們選擇僅挪出一定的時間從事專案工作。近期出版的

---

* 謬斯女神是希臘神話中專職文藝的女神，作者在這裡用來表示這些人追求其他喜好的渴求。

《未來的工作》（*Lead the Work*）介紹專門服務專業程式設計師的頂尖數位人力平台 TopCoder。作者提到在某間酒吧遇見好幾位程式設計師：「我們在酒館訪談的對象學的是程式設計，但主要職業是調酒。調酒是他們熱愛的工作。偶爾接一下 Topcoder 的工作，只是為了不讓程式設計能力生疏，而且可以多賺一點錢。」[14] 此外，有的退休人士擔任兼職的獨立工作者，原因是不想再以全職方式工作。另外，在技能要求比較不高的領域，也有試著藉由顧問工作取得新技能的人士，16％的兼職者表示自己正在培養新能力。

自由工作是可行的職涯道路

自由工作者的社群遍布各年齡層。史上這個勞動力主要的成長來源是 58 歲至 74 歲的工作者。2015 年時，X 世代與嬰兒潮世代占最高的比例，分別占了 33％與 29％。69 歲以上的年長人士占 8％。年長世代有時間培養領域專長，也難怪在專業零工工作人口中占了一大部分。[15]

生於 1980 與 1990 年代的千禧世代，如今成為零工經濟勞動力中人數最龐大、成長最快速的族群。隨著他們進入職場，愈來愈多的嬰兒潮世代正在退休與退出職場。MBO 夥伴公司 2016 年的研究指出，千禧世代占 40％的獨立工作勞動力[16]，較前一年激增。

有一句話說，千禧世代是為了生活而工作，不是為了工作而生活。錢雖然重要，但千禧世代想貢獻價值，而且或許最重要的是，千禧世代想要做自己喜歡做的事，他們認同非典型工作的優點，包括具備獨立性、彈性、可以選擇、不必聽令官僚的企業環境。許多千禧世代成年時恰巧碰上金融海嘯，很難找到傳統的全職工作，自然而然走向獨立工作。他們常把實習生或約聘工作當成是嘗試全職工作的方式，他們很早就熟悉短期零工的概念。經濟復甦後，屬於千禧世代年齡族群中的許多人，將零工經濟視為探索不同職業生涯的方法，也難怪九成的人並未計畫做任何工作超過 3 年。[17]

　　由於找到心滿意足的完美工作需要花一點時間，千禧世代是最擅長「兼職零工」（side-gigging）的一群人，他們懂得如何在「固定」工作之外，想辦法增加收入，例如我女兒就是好例子。她擁有藝術創作碩士學位，替紐約市一間大型藝術拍賣公司工作，此外還利用零工經濟數位媒合平台 DogVacay 找到兼職的狗保姆工作。DogVacay 平台的功能是配對「狗主人」與「想當狗保母的人」。不過，雖然多點收入很好，尤其藝術圈又以低薪出名，但我女兒其實是在「過養狗的乾癮」。她愛狗，很想做自己喜歡的事，DogVacay 可以滿足這個需求。儘管如此，我猜我的女兒沒把自己當成零工工作者，她是在利用數位媒合平台和狗兒相處，而不是為了擁有一份工作。她其實也屬於偶爾從事獨立工作的人，雖然她不知道。

不管怎麼說，千禧世代看待非典型工作的方式與之前的世代不同。由於他們的工作經驗少，擁有的專業人脈通常不如經驗老到的獨立工作者，比較難找到案子。此外，相較於年長族群，他們在當獨立工作者時也感覺比較孤立，也比較關心缺乏福利的問題。儘管如此，他們追求自由與自主的欲望，使得這個族群持續成為零工經濟的重要成長動力。21％的千禧世代視獨立工作為可行的職業生涯道路。[18] 專業人才顧問公司商業人才集團的執行長米勒，以第一手經驗指出千禧世代對零工經濟感興趣。她過去兩年在史丹佛大學的暑期商業營隊與大學生和社會新鮮人談獨立工作市場。每一年學生主要問的問題與商業人才集團公司有關，想了解能否在這間備受矚目的公司找到工作。然而，最近學生問的問題不是想在商業人才集團工作，而是自己如何能成為人才網的一分子。此外，問這類問題的人主要是大學生，而不是已經累積一些工作經驗的畢業生，顯然這個世代將獨立工作視為可行的職業道路選項。

　　2015 年的 MBO 夥伴公司研究中，相當值得留意的是，在近 2,000 萬的全職獨立工作者中，僅 9％ 一開始就獨立接案，言下之意是超過 90％ 的人是自願選擇將獨立工作當成職業生涯，而不是因為找不到全職工作。此外，他們做出這樣的選擇，主要是為了獨立工作提供的主控權與彈性。[19] 每次我聽見有人說零工經濟談不上是一條職涯道路時，我就想分享這個數據。

把獨立工作當成職業生涯道路的人士，平均已經做了近 9 年時間，而且十分滿意自己的生活方式。MBO 夥伴公司的研究發現，80％的獨立工作者認為自立門戶比較快樂，其中又有近 75％的人認為自由工作者的生活形態對健康比較好。[20]企業聯合會（Conference Board）2015 年的研究顯示，美國工作者的工作滿意度僅 48.3％，也就是說平均而言，自由工作者的滿意度高很多，也比較不擔心自己的未來。[21]至於的確擔憂自身未來的自由工作者，從 2011年的 40％下降至 2014 年的 27％。[22]這個數據可能反映出經濟正在好轉，也可能反映民眾逐漸接受獨立工作的工作模式。本章一開始引用知名愛爾蘭經濟學家韓第新書中的話，大師的確沒說錯，全職工作者正在減少，不過或許人們已經開始留意到這個新潮流。

重點整理

◆ 企業不再能保障員工的職業生涯，再加上科技發展促進勞工的流動，零工經濟的潮流正在加速前進。

◆ 零工工作者利用多種管道從事非典型工作，包括專業人才顧問公司、人力派遣公司、人才媒合平台。

◆ 由於缺乏政府數據，民間資料又各自採取不同的人數計算方式，難以判斷零工經濟真正的參與人數，不過眾家數據的共識似乎是美國有超過 4,400 萬人

從事零工經濟。

◆零工經濟呈金字塔狀。在金字塔頂端鳳毛麟角的少數人藉著提供高度專業的服務，賺取最高的收入。

◆所有年齡層中都有人參與零工經濟，但千禧世代與嬰兒潮世代占超過 70％。

◆零工經濟中，千禧世代族群的人數正在快速成長，愈來愈多千禧世代受零工生涯道路提供的彈性吸引。此外，愈來愈多嬰兒潮世代正在退出職場。2016 年時，千禧世代占 40％的獨立勞動力。

◆絕大多數的零工經濟工作者是自願選擇自立門戶。這類人士預估占七成至九成。

「生活變動得很快，如果不偶爾停下來看一看四周，
你可能會錯過人生。」
——電影《蹺課天才》（*Ferris Bueller's Day Off*）
主角費利（Ferris Bueller）

第 3 章

自由工作者的
需求加大

商業世界變化莫測，25 年前問世的網路，把我們的日常速度改成光速。今日社群媒體問世後，行動 app 主導一切，把一切都移到雲端，企業更是被迫靠更快的曲速營運，否則就會被拋在後頭。只要想一想今日的關鍵成長引擎臉書（Facebook）與推特（Twitter）才成立十年，就知道一切發生得有多迅速。目前許多科技公司採用的主要通訊工具 Slack，更是才問世 3 年左右。創新發生的速度很快，受到採用的速度也愈來愈快。

語言產生變化是社會變遷的前兆，各位可以想一想，我們今日使用的詞彙與 10 年前有多不同。《牛津英語詞典》過去幾年收錄的新字包括 emoji（表情符號）、unfriend（刪除好友）、textspeak（火星文）。類似的情形還有舊詞彙出現新意義，例如以前只有小鳥才會 tweet（啾啾叫），現在則是社群媒體愛用者的專利（發推特）。大多數的美國人一下子就接受網路，以及隨之而來的社群媒體，比接受收音機、電視、個人電腦等科技創新還快，企業不得不跟著加快腳步。

現在要以 5 年為週期來做計畫已經行不通了。今日的世界科技不到 6 個月就可能過時。企業與家庭應用移至雲端，彈指之間便能完成系統更新，企業需要回應市場與顧客的速度因此設下極高的標準。

類似的情形還有，隨著變化的腳步加快，顧客的標準也提高，期待系統要全年無休，隨時待命。時間變得很寶貴，

消費者要求隨時隨地都能使用產品與服務，也期待能靠行動裝置、電腦、平板電腦設定行程，企業必須提供相關功能。

　　組織必須跟上腳步。極度冗長的聘雇週期已經行不通。矽谷某大型網路公司今日利用行動 app 處理初階職位的聘雇。以前企業會在就業博覽會上蒐集履歷，今日則由 app 取得履歷，在博覽會上進行面試，隔週就發出錄取通知信。

　　以各式人才的招募來看，科技公司最偏向快速行動，其他產業尚未完全擁抱這個隨選的世界，這意味著它們的商業模式已經成熟到可以破壞，例如健康產業通常依舊以服務提供者的方便為優先，不去管消費者的行程能否配合。不過，那樣的現象也在轉變。靠科技起家的新型照護公司 One Medical 打破傳統做法，提供當天預約、當天就能看病，還提供線上預約、直接寄電子郵件給醫師。新型公司有可能替醫療產業訂下新常規，隨選服務的便利性將顛覆舊秩序。

　　全球網路巨擘思科系統（Cisco Systems）的人才長法蘭辛・卡梭達斯（Francine Katsoudas）近期與工作大未來社群的共同創辦人摩根對談。他表示，今日的工作挑戰在於業務變動的速度比員工變動的速度還快[1]，公司必須跟上這個世界；傳統上用來加快執行速度的商業手法已經行不通，必須採取隨選技術等新做法。

　　如果要在零工經濟中成功發展，重要的是要了解企業

尋求高階隨選人才的原因、時機、方法。接下來,讓我們
一起探索今日職場的關鍵力量。

為什麼企業需要獨立專業人才

專案化管理興起

　　管理大師湯姆・彼得斯(Tom Peters)25 年前在《解
放型管理》(*Liberation Management*)中提出「專案化管
理」(projectization)這個新詞彙,意思是大型計畫被拆成
可以靠專案管理的明確任務,並將我創立的 M 平方公司當
成這個潮流的範例。羅格・馬丁(Roger Martin)也在《哈
佛商業評論》(*Harvard Business Review*)中提出類似主
張,認為「知識工作(knowledge work)無法被納入工作
(job)的範疇」。傳統的工作形式是為了工業時代設計,知
識工作則比較適合以專案方式執行。只要看由知識工作者
組成的專業服務公司一般的組織型態,就能了解這個概念。[2]
大型計畫可以考量哪些專案可以同步進行,藉此來加快完成
速度,不必一個一個執行,靠著同時多管齊下來完成更多
工作。由於同步進行的專案必須由成員不同的團隊負責處
理,因此需要引進外部的專業人才。

　　另一種可能是分析大型計畫的組成要素後,會出現重
複性的連續工作,這意味著可以由同一個人負責特定類型
的專業工作,在出現相同需求時再介入。計畫中特定面向

的專家，只提供團隊那個領域的顧問服務，一路上以分段的方式貢獻長才。舉例來說，大型科技業者推出新平台時，顧客體驗（customer experience）的專家會在推出新功能時加入專案團隊，確認客戶的反應，分享回饋，接著專家繼續做其他案子。

專案化管理的現象會出現的原因，在於世界經濟正在從工業時代的組織架構，大步邁向知識為主的數位架構。工業時代的階級制度與分工，現在與更為靈活的架構共存。在過去，把所有的商業活動當成一系列靠精準勞動力來執行的專案來完成聽起來像是經濟理論，但今日勞動市場變得更具效率，使得這個理論可能成真。人力仲介與數位平台減少勞動市場的摩擦，企業得以有效即時取得人才，我們離理論成真的狀態又更接近一步，只可惜許多大公司的組成方式，造成無法在整個組織中執行專案化管理。同時靠組織內外部人才來執行的專案計畫，將使企業培養出新力量，逐漸打造出更具彈性的工作架構。

跨領域團隊的做法更普及後，大小企業都能打造更有效執行專案化管理的營運模式。公司得以只取得所需的人才，更重要的是只替需要的部分付費，以有效節省成本的方式組織大型團隊。

儘管如此，顧問公司在這些年發現，團隊如果要能同心協力合作，需要某種共同的經歷，也就是某種「凝聚力」。當團隊成員同時包括公司員工與獨立顧問時，雙方

出發點不一，此時凝聚力的重要性更會被凸顯出來。培養凝聚力的方式有很多，例如開專案啟動會議，讓所有的團隊成員取得共識，或是指定一名專案領導者，負責讓所有的參與者明白，如何在這次的特定情境下處理專案。此外，科技也能協助凝聚虛擬團隊，許多公司利用 Evernote 與 Asante 等協作工具，提供公司內外部的團隊成員一致的暢通溝通管道。

M 平方公司多年來與各大科技廠合作，負責企業的溝通工作。例如某全球員工人數超過 6 萬人的企業平時面臨重大的溝通挑戰，需要確保每一個人對於關鍵計畫有著相同的認知。因為這個企業本身的核心能力是科技，選擇在必要時刻將公司的先進通訊專長帶進團隊，因此我們在企業裡的眾多團隊中都安排溝通顧問，在發表產品、併購、發生重大品牌事件時，負責澄清與協調訊息。為了簡化這個大規模的工作，我們為顧客做出交叉安排，引導與監督部署在計畫團隊中的溝通專家。我們的任務是統籌計畫，使派遣的專家隨時隨地在顧客的公司有需要時順利的工作。

商業模式的改變

廣告業傳統上靠自由工作者輔助，也難怪大量的廣告公司打造事業時，採取一群核心專業人士加上自由工作者輔助的模式。雖然廣告業的多數公司都採取這種做法，也有公司強調這個策略是成功的關鍵（其他公司則不會明

講，不願讓客戶知道有多少工作靠外包的人力完成），例如舊金山廣告公司 Hub 的創辦人歐尼爾（D.J. O'Neill）表示，公司有 15 名員工，再加上 100 位得過獎的創意人才的幫助：「超有才華的創意人士不在我們的員工名單上，我們不必負擔與他們有關的營運費用，他們發揮所長後就離開，直到下一個需要他們的工作出現。我們告訴客戶，我們可以提供大型廣告公司的產出、中型公司的價格、小型公司的速度與服務。」[3]

　　管理顧問是另一種天生以專案為基礎的行業，透過打造即時生產人員架構，減少固定成本。加州沙加緬度（Sacramento）的高地顧問集團（Highlands Consulting Group）是專業人才服務公司，專門替政府與商業客戶提供策略營運顧問服務。高地顧問集團一般接手長期專案，從可行性研究、採購、一直到變革管理，不同的專案階段需要不同專才，銷售循環可能相當長，因此維持足額的高技術顧問是昂貴而棘手的問題。高地顧問集團藉由靈活運用忠誠的獨立顧問網絡，管理自身的特殊事業週期。執行長卡普盧提表示：

　　從成立的第一天開始，我們就靠著獨立顧問來增強顧問能力，提供特殊專長。我們的獨立顧問一般至少擁有 10 年的顧問經驗，許多人在兩個專案中間休息，或是希望以兼職的方式工作。我們把獨立顧問完美整合進專案團隊，讓客戶分不出誰是我們的員

工、誰是外包人員,我們是搭配得天衣無縫的高效率團隊,只與認同我們服務價值觀的顧問合作。他們敬業,具備團隊合作精神,真心從事自己選擇的職業。獨立外包人員告訴我們,高地顧問集團是他們的第一選擇,這讓我們感到十分榮幸。他們長期與我們合作,替我們省下篩選合格人員的時間與金錢。[4]

A Connect 全球顧問公司同樣刻意運用這個策略,利用旗下由資深領域專家組成的獨立專業網絡,替客戶組織高度專業的專案團隊。公司甚至以這個策略為號召:「人力資源──全球無阻」(Human Resourcefulness─Globally Delivered)。[5]A Connect 旗下的獨立專業人士(Independent Professional, IP)經過公司仔細篩選,一旦加入專案,將拿到 A Connect 的名片與公司電子郵件信箱。專案結束後,獨立專業人士便各自解散,但依舊與 A Connect 保持商務往來;沒有案子時,依舊可以自由使用 A Connect 辦公室的辦公空間。

引進外部人才

產業飛快變化帶來的另一個相關現象是,出現新機會時,企業往往沒有能力及時做出全面性的判斷。若要快速回應,公司得請不是內部的人才進來做全職工作。舉例來說,

公司決定將業務拓展到新地區時，尤其是進入國際市場的話，如果內部沒有人具備新市場的第一手知識，將困難重重。同樣的，產品線擴張也是一樣的道理，可能碰上新的供應商、經銷管道、顧客。新領域的內部知識具有重大價值。

許多公司因此到獨立顧問市場覓才，替新事業引進需要的專才，駐紮在公司內部，例如專業人才顧問公司商業人才集團提供經過篩選的資深獨立顧問人才網，專案費用平均在 10 萬美元以上。旗下許多自由顧問先前待過金字招牌的顧問公司，能以較低的價位，提供麥肯錫與貝恩（Bain）等高價解決方案顧問之外的替代選項。M 平方顧問公司同樣也雇用資深顧問專案經理，再利用獨立顧問網絡中的人才組成專案團隊。

獨立顧問市場替客戶的專案引進重大策略人才，例如商業人才集團最近接手的專案包括協助某大型生物藥廠在缺乏內部行銷專家的情形下推出新藥、替正拓展至歐洲市場的某大型公司研發全球零售策略、替某金融服務公司找人替補請產假的資深經理，負責主持大型的新產品發表會。[6]

規模較小的例子是許多公司希望就某個關鍵議題，取得專家的意見，例如私募股權公司考慮買下 LED 製造廠時，想先了解 LED 照明未來的走向。Zintro 人才網提供這類專家意見的服務。創辦人史都華‧盧坦（Stuart Lewtan）的創業動機是先前賣掉自己的軟體公司後，提供過格理集團（GLG）的「單點」（spot）諮詢。格理集團的著名服務

是透過電話或短期顧問服務，提供專家建議給私募股權公司，或是擔任專家證人（expert witness）*。盧坦很訝異格理集團能夠收取高價，但專家只能領到很小一部分。他推測很大一部分的成本來自格理集團當時高度依賴人力的後端媒合程序，於是他運用自己的技術專長，解決效率問題，打造專業的演算法平台，以更有效率的方式配對專案與專家。其他許多網站，包括其他專家網絡，在今天也使用那樣的科技，協助客戶找到專家。Zintro 的人才網絡中有顧問、科學家、工程師，通常是業界非常明確領域中屈指可數的專家。此外，Zintro 發現有的公司（例如市場研究公司）需要問許多簡短但複雜的問題，因此替相關客戶研發出會員制收費模式。

在今日的市場，企業需要引進專業切分精確的不同人才，才有辦法具備競爭力。如果說商業人才集團是替大型專案提供正確切分專業的人才，Zintro 則是替需要外部意見來做出關鍵決定的公司，提供專業切分更精細的人才。

買需要的量就好

俗話說的好：「如果只需要幾條香腸，為什麼要買下一隻豬？」許多公司只有有限或季節性的需求，沒必要聘請固

---

* 以專家身分協助陪審團理解複雜的專業性問題。

定員工。《富比世》（*Forbes*）最近一篇文章介紹舊金山地區正在成長的兒童教育產品零售商「小護照」（Little Passports）。這間市值 3,000 萬美元的公司營運正在成長，在創投不認同他們的訂閱制教育產品概念時，不得不求助於天使投資人市場。小護照由於缺乏充裕資金，無法進行鋪天蓋地的媒體閃電戰行銷，於是聘請行銷專業的自由工作者協助拓展業務。[7] 許多資金無法外求的企業，同樣也利用獨立工作市場，僅取得自身需要且負擔得起的專業長才。

執行長聯盟（Alliance of CEOs）同樣也讓企業在獨立專長市場購買所需的長才。執行長聯盟是聯合北加州領導人的組織，協助執行長與「長」字輩的高階經理人交換策略，增進領導能力，培養寶貴人脈。我是執行長聯盟 20 人董事會的成員，每位董事每個月都與 10 至 12 位執行長進行私人會議，執行長得以與其他領導人一起探索策略性商業議題，就相關議題與機會取得值得信賴的意見。董事全是傑出商業人士，許多人和我一樣先前是執行長；其他人則擁有顧問、教學、投資等豐富的商場資歷。儘管背景各異，不過我們全是聯盟的顧問。執行長聯盟其實可以雇用一至兩名員工，負責管理所有的執行長群組，因為每一個群組每個月只見一次面。不過，聯盟實際採取的做法是與一群多元的資深主管簽約，資深主管利用自己的多元資歷擔任聯絡人。聯盟因此得以利用一群傑出人士的洞見與專長，替成員提供遠遠更為強大的服務傳遞模式。

需要全新視野

許多企業會請顧問公司就遇到的問題提供全新視野，以求獲得全新的解決之道。華倫‧伯格（Warren Berger）在《大哉問時代》（*A More Beautiful Question*）中提到，企業內部專家的問題在於他們不需要問問題，因為他們**就是知道**。外人反而旁觀者清，尚未被成見束縛，更有辦法問意想不到的「為什麼」與「如果……呢？」的問題。同理，獨立專業人才可以提供外界觀點，帶來一些充滿新意的結果。

《華爾街日報》（*Wall Street Journal*）最近的一篇報導指出，許多財務長面對行動派投資人與擾動的市場時，請顧問協助他們處理這個日益複雜的世界。研究人員指出：「顧問就像水電工，暖氣系統出問題時，就會有人找他們。把自己訓練成水電工並不符合經濟效益。」[8]

有時企業之所以需要全新視野，原因是內部團隊處理一個問題太久，已經熟悉到看不見細節。查爾斯‧杜希格（Charles Duhigg）在《為什麼這樣工作會快、準、好》（*Smarter Faster Better*）提到 FBI 碰到的問題。FBI 希望建立一套整合的系統，納入所有的犯罪活動記錄，利用複雜的大數據搜尋，找出犯罪模式，提供線索給正在進行的調查。然而，FBI 耗費多年時間與 1 億 7000 萬美元多次執行專案，僅得出十分不可靠的系統，探員寧願繼續用紙本

檔案卡蒐集資訊。最後由華爾街出身的系統研發人員，以不一樣的視野與敏捷程式開發等新策略，才終於挽救那套系統。

此外，當內部的政治問題讓某件事棘手到難以處理時，請來外部人可能是最好的辦法。有的公司不去管燙手山芋，原因是沒人想惹麻煩，通常最好由公正的觀察者掀開盒蓋。顧問不屬於內部任何一派，因此觀點較為公正。

如果沒人願意大動作處理問題，此時可能需要外部觀點。M平方公司曾被要求介入某跨國超細纖維（microfiber）製造商績效不彰的部門。執行長、管理階層、董事會對於下一步該怎麼做意見不一，劍拔弩張，最後請外部專家評估選項。顧問有效評估出那個部門的收益，的確無法穩健的達到其他事業單位與股東期待的稅前營收。然而另一方面，顧問客觀評估這個部門的核心技術，發現潛在的大量應用有很高的市場性，最後建議將這個部門賣給不同產業的X公司。X公司能以相當不同的獲利方式利用這項技術。超細纖維製造商的內部人員幾乎不可能自行得出顧問提供的出售見解，最後那個策略提供最佳的商業與財務解決方案。

最後，有時內部人士不願意告訴執行長某個方向不明智，此時優秀的顧問有辦法指點迷津。顧問曉得付錢的人是誰，但也努力讓客戶的事業能夠成功。這種事有時被稱為「國王的新衣」問題：顧問拿錢所做的事，是向執行長報告刺耳的消息。

填補組織缺口

　　如同伍迪・艾倫（Woody Allen）的名言，成功有八成是靠人在現場。領導團隊有人不露面時，就會出問題。然而，人生總有發生意外的時刻。關鍵經理無預警離開時，需要臨時的解決方案。有人突然生病或請病假，也需要有人代班。企業向來知道職務有空缺時可以聘請臨時人員協助行政事務，支援團隊成員，確保生產力，不過企業現在還知道，管理職的空缺也能以相同的方式找人代班。

　　我的公司多年來提供客戶育嬰假代班人選，包括臨時性的人資經理、財務長、執行董事、行銷團隊經理等等。我們與客戶討論現況，判斷公司希望如何在育嬰假期間處理工作。有時可以把部分責任先分配給組員，我們提供的人選僅負責部分職責，所以被填補的主管職並非「全時等量」（full-time equivalent, FTE）*。此外，職務空缺問題有時讓下屬有機會承擔更多責任，此時我們的專案將提供職員，而不是填補休假經理的空缺。

　　今日在許多產業中，因為嬰兒潮退休帶來日益擴大的缺人問題，例如部分國防包商的強制退休年齡是 65 歲，

---

* 全時等量是計算人力與資源分配常用的觀念，指的是將兼職人員的數量以全職人員的方式表示，這裡表示的是代班人員並沒有做全職人員所有的工作。

然而取代退休人士的新人經驗不夠豐富。部分專業人力公司在退休後，立刻被聘請加入獨立工作網，提供國防包商要求的技能與機密工作安全許可。有時人力公司甚至將退休人士直接帶進原公司。65 歲以上的人再也無法當員工，但可以擔任顧問（很奇怪的規定，我知道）。

　　企業併購也是臨時人才的關鍵領域。併購者通常需要進一步了解被併購的團隊，在了解他們的技能之前，不願意聘請全職員工，然而這期間的工作依舊必須有人來做，因此臨時雇員成為理想解決方案，尤其是如果併購公司原來的經理想掌控自己的職涯，紛紛離開。此時如果要在過渡期讓業務繼續運轉，可能需要額外的專業人力。

　　我們接手過一個專案，某大型藥廠買下一間正在成長的生物科技事業。製藥與生物科技的世界有雷同之處，但許多方面又相當不同，其中一個關鍵差異是薪資制度。藥廠的人資主管知道自己不熟悉生物科技界的一般做法，被併購的生物科技公司人資又相當資淺，不具備順利推動新團隊整合的專業技能。此時我的公司提供熟悉生物科技界的資深人資專家，協助併購團隊擬定新的薪資與留才計畫。

🖸 試用未來的員工

　　許多公司在聘雇流程中使用即時生產人才（just-in-time talent），這種「購買前先試用」是行之有年的模式。許多

公司藉由以專案為單位的方式引進人才，即時評估相關人才是否適合自己的組織。這個模式對新創公司來講是相當強大的工具。@returnlogic 的共同創辦人暨執行長彼得・索波塔（Peter Sobotta）表示：「對新創公司來講，雇用到錯誤的人成本很高，因此零工經濟是我們找到合適人選的策略。找到人才最好的方法，就是提供小型的約聘專案，提供公司即時的投資報酬率，判斷某個人是否為理想的雇用人選。」[9]

M 平方公司知道內部某些關鍵職務絕對不能缺人，因此固定會有「板凳人員」，確保與客戶交涉時永遠有人能上場，其中包括客戶服務經理，也就是實際負責配對顧問與專案的人員。我們找到能幹的招聘與獵人頭顧問，接著由我們出資，訓練他們使用我們的平台，熟悉實務做法，接著他們就會離開，但雙方都知道，我們隨時可能請他們臨時代班，成為 M 平方公司團隊的一員。業務量飆升、內部人手不足，或是如果事先知道有員工會延長假期或請產假，我們就可以請這些人來填補空缺。我們的板凳人員人數永遠大過需求，因為我們知道那些優秀顧問自己也有客戶，可能忙到無法臨時幫忙代班。對我們這種分秒必爭的公司來講，龐大的板凳人員陣容是極為重要的工具。

這有時也會成為一種聘雇工具。我們需要雇用新經理加入團隊時，會優先考慮擔任過人資副總的板凳人員。這樣的人選除了會成為團隊的一員，最終我們雇用內部的人

資副總時，他們將雀屏中選。他們最清楚 M 平方公司是如何策略性應用人才來壯大團隊。

快速成長的需求

今日要求立刻要有產出的急迫性，自然也造成許多公司在推出新計畫、配合季節性的產能需求上揚，或是單純為了完成必須有人去做的非核心事務，努力尋覓額外的人才。

舉例來說，懷滋學院（WISE Academy）是美國加州納帕郡（Napa Valley）正在成長的公司，平日提供紅酒產業領導力培養與銷售訓練課程。執行長萊斯莉‧伯格魯（Lesley Berglund）最近聯絡我，想知道如何才能找到專業人士替她規劃酒廠的新課程。她的合資企業最近與某大型商學院合作，計畫推出令人興奮的新內容，希望盡快產出新的主管教育課程，但懷滋學院由於國際事業成長，再加上老客戶的需求，公司現有的員工分身乏術，需要有經驗的教學設計師，讓商學院新課程盡快問世。

全美各地的新創公司不斷碰上相同的情形，例如我的同事瑞傑‧辛哈（Ranjan Sinha）成立 Heart'n Spice 公司，Heart'n Spice 是個人化的營養餐遞送服務，與各大醫院和減重課程合作，提供成員健康新鮮的餐點選擇。這間成立 18 個月的公司需要快速成長，辛哈又是熟悉以有效方式擴大營運的連續創業家，得以同時透過數個數位人力市場，

尋找網頁開發者等技術人力，加快推廣服務的腳步。

舊金山灣區（Bay Area）的光聚合公司（Light Polymers）是材料化學產業的新創公司，這個產業由陶氏化學（Dow）、杜邦（Dupont）、巴斯夫（BASF）等大型跨國化學公司主導。光聚合公司運用來自各界的獨立人才，包括協助他們在亞洲擴張的退休高層主管、在數位平台上覓得的平面設計師、負責研發的博士後學生。執行長馬克・麥康納希（Marc McConnaughey）表示：「光聚合公司幾乎每件事都找零工工作者，以求快速突破，增加彈性，1 天內就能提供產品，而不是 3 個月。我們與同業完全不同。」[10]

事情很明顯：企業若不努力同時運用內部團隊與外部專家，就可能失去競爭力。

新經濟工作者該如何應對？

從以上的職場潮流來看，隨選經濟的工作者如何盡可能讓自己成功？

速度顯然是關鍵的成功因子。企業希望立即做出反應，以最有效的方式取得正確人才。今日的顧問若要成功，當客戶有迫切的需求時，你得在他們找得到的地方。至於哪些地方是「正確的地方」，要看你的專長。你得在某個人的聯絡名單上，此外還要加入職業團體與 LinkedIn

群組。（第 6 章將進一步討論相關策略。）

　　此外，企業必須確保這些外部資源能夠盡快帶進組織，以無縫接軌的方式藉由同化（assimilation）流程即時發揮功能。各位也必須有能力隨時適應新組織，立刻跟上進度。

　　被引進企業的人才需要一到現場就能開始工作，因此必須事先找出任何可能使步調緩慢的阻礙，加以處理，例如早早準備好合約、保險證明書。（第 8 章會再談後勤議題）。

　　此外，考量企業的步調，優秀顧問需要定期與客戶確認專案一切都在正軌。如果等到完成後才發現這不是客戶要的東西，不會是成功的合作。顧問的作業流程必須納入確認自己與客戶同步的步驟。

　　對於試圖快速營運的企業來講，板凳人才庫是強大的工具，不需要再問「我明天要去哪裡找人幫我做這件事？」此外，專案完成後的知識轉移，也是許多公司並未納入考量的關鍵議題。專案完成很好，但如果熟知這個主題的最佳專業人才做完專案後就離開組織，公司就無法拓展自己的智慧資本（intellectual capital）。顧問應該從一開始就考量到這個需求，替所有的專案設計出知識分享步驟。這類要素帶來的商業模式，將使公司與顧問能在新職場世界順利發展。在接下來的章節會探索如何把那樣的商

業模式整合進你的公司與服務。

📖 要點回顧

◆ 日新月異的科技縮短商業週期，企業在回應市場需求時面臨人才荒。

◆ 企業使用隨選人才的原因五花八門，主要原因包括：

- 採取專案制度。
- 引進專業人才。
- 取得外部觀點。
- 僅購買所需的服務。
- 填補組織空缺。
- 試用未來的員工。
- 確保快速做出徹底改變。

◆ 零工工作者必須滿足企業對於速度的要求，才能在新職場世界如魚得水。此外，零工工作者必須替客戶設想量身打造的步驟，確保客戶得到滿意的結果。

◆ 企業應該考慮建立板凳隨選人才，讓分秒必爭的業務隨時有人能夠上場。

「你的品牌就是當你不在場時，別人描述的你。」
——傑夫・貝佐斯（Jeff Bezos）

第 4 章

打造專屬的
獨立品牌

大概在第一本書出版的時候，個人品牌是相當熱門的議題。我的《新時代的專業人士》、丹・品克（Dan Pink）的《自由工作者國度》（*Free Agent Nation*）、彼得・孟托亞（Peter Montoya）的《打響自己就一招》（*The Brand Called You*）都在協助打算開展事業的人打造個人品牌。在後來的日子裡，相關建議不曾消失，例如近期出版的書有《自由工作者的聖經》（*The Freelancer's Bible*）。這樣說起來，還有什麼好補充的嗎？

我們今日生活在數位世界之中，怎麼可能沒有東西要補充？回到過去，這個流程是蒐集自己的豐功偉業，找出價值主張，接著在業界攻占地盤。今日也差不多，但現在涉及到你的數位歷史。據說現在連兩歲大的孩子也有數位足跡。因此相關行業應運而生，例如 Reputation.com 靠著個人解決方案產品「名聲捍衛者」（Reputation Defender），替客戶抹去數位足跡。我教大四學生人資課程時，也會固定討論數位品牌議題。許多人不曉得，大學時代放在臉書上飲酒作樂的狂歡照片會讓人一輩子留下不好的印象。

不過，即便各位沒在數位世界犯錯，你在數位世界依舊會發出聲量。在今日的世界，數位聲量對顧問品牌來講是十分重要的要素。10 年前的潛在雇主會看你的履歷，今日的客戶則會在考慮用你之前，在 Google 上搜尋你，看你的 LinkedIn 自我介紹。順便講一聲，客戶注意到的可能

不是你的學經歷，而是自我介紹裡的錯字。老實講，有的人填寫 LinkedIn 時不像寫履歷那樣小心，害自己帶來不那麼好的印象。不過現在先從基本原則講起，接著再談數位品牌，以及如何在社群媒體下功夫來幫助你的事業。

先講最重要的事

　　如果各位已經是顧問，或已經決定從事這一行，可以略過這一節。還在考慮要不要當顧問的人，就請繼續看下去。我在第一本書《新時代的專業人士》[1]中詳細討論過開創顧問業務的風險，因此在決定前必須仔細考量以下三個關鍵問題。

　　首先，你真的具備別人會掏錢的專長嗎？沒人想雇用普通的專家。如果你的能力沒有好到可以號稱精通，那就別提了。儘管如此，不同領域有不同的門檻與經驗要求。剛畢業的大學生不太可能有能力替跨國企業成立專案管理辦公室，但也許可以幫助小公司深入掌握數位媒體策略，因此各位在評估自己的專長時，別忘了思考可以從專攻那種產業的企業那裡，爭取到什麼類型的工作。

　　假設你的專長的確有市場，接著必然得問兩個問題：**你每年需要賺多少錢？以及需要你的專長的市場，是否大到足以支撐你的生活方式？**從事顧問工作究竟需要多少收入才夠因人而異，要看你的存款、來自其他來源的收

入，以及你的支出模式。如果家中只有你在賺錢，每個月又有固定支出，展開收入不穩定的職業生涯會很嚇人。你需要小心安排預算，做出一些關鍵假設，像是你可以達到的收入水準，需要花多少時間才能爭取到足夠的工作，以及案子與案子之間會有多久的空檔。諷刺的是，新型數位平台可以提供緩衝，不必一下子就獨立執業。例如展開顧問事業時可以順便當個 Uber 司機，或是每週接接跑腿兔的零工，在個人事業進展緩慢的時期賺一點錢。能夠利用數位平台賺取兼職零工的收入，或許是專業獨立工作潮流能夠成長的原因。

另一種可能性是，許多顧問原本已經是資深經理或創業者，後來選擇離開辦公室生涯。對這類人士而言，當顧問主要不是為了收入，而是不和市場脫節。近期麥肯錫全球研究院的研究稱這樣的人為「偶爾從事獨立工作者」。許多退休的嬰兒潮世代也符合這個定義。他們提早退休離開公司後，依舊想工作，但想當老闆。對這個族群來講，能否賺得足夠的收入不是最主要的考量。

對於需要考量收入的人士來講，有多少市場需求可能比較難事先評估，要跳下去做了之後才知道買方的接受度。你可以設定一段時間（舉例來說，可以試驗 3 或 6 個月，看看做不做得起來）。如果先試水溫，儘量要模擬真實情況，這樣得出的結果才有意義。你也可以請在組織裡信任的同事告訴你，他們願意付多少錢取得你提供的服

務，協助你了解市場。

Hourly Nerd 或 Zintro 等數位人力平台網站可以協助你大致了解目前的專案費率，不過喊價制度可能會壓低費用，因為需要工作的顧問也許會低價搶市。以科技領域來講，Fiverr 或 Upwork 的零工價格可能壓得非常低，因為相關網站上的承包商全部來自全球的低薪地區，很難用低價競標的方式跟巴基斯坦或保加利亞的零工工作者搶工作。（的確，我從 Fiverr 上找到設計書籍網站的程式設計師就來自羅馬尼亞、摩洛哥與英國）。

M 平方公司或商業人才集團等專家顧問公司或許是找出自己技能在市場值多少錢的最佳資訊來源，但別忘了，這些公司並不提供新進顧問職涯輔導服務；儘管如此，它們永遠在尋找合格的人才。各位應該有辦法從它們的加入程序來判斷它們對你的背景多感興趣，找出自己有多大的賣點。

最後再提醒一件事：如果在看數位人力平台網站時你覺得很興奮，看起來有很多適合的零工工作，別忘了這一類的網站上有大量想找工作的人，買方數量非常多。有的網站甚至會幫買方評分，讓大家知道買方放上專案資訊後，最後是否真的雇人。

 ## 你是一座孤島

英國詩人鄧約翰（John Donne）說：「沒人是一座孤島。」但詩人不懂獨立工作者的生活模式。身為獨立顧問的你，的確是一座孤島，你完全得靠自己。

你必須替自己找方向與動力，還得替自己加油打氣。職業團體與同事可以提供一些支援，但多數時候你得靠自己打造滿意的工作環境。很多時候你不會進辦公室，不會待在客戶工作的地方，這點也會加深孤立感。有的人甚至就算在客戶的辦公室工作也同樣感到寂寞，因為你會被看成外人。

有的顧問會和其他獨立工作者搭檔，好帶來一點社群的感覺。有的人會租用 WeWork 等共同工作空間的辦公室，那樣的空間除了提供社群，也能提供辦公空間、行政支援、科技協助，但相關服務不是免費的。舊金山最便宜的 WeWork 方案一個月要 400 美元。如果你使用這類空間的主要動機是連結社群，而不是為了工作效率，你可能得重新考量自己的計畫。

回想在職業生涯中，你是否有過任何遠距或在家工作的經驗。當時你的生產力很高，還是會分心？重新回到同事身邊時，你感覺活力回來了，還是希望更常在家工作？你是否感覺需要和人一起吃午餐或喝咖啡，平衡一天的生

活？如果回想後發現自己偏好熱鬧的辦公室環境，你也許
要把計畫放緩，因為你從其他人身上得到的活力可能很難
在獨立顧問的環境中找到替代品。

你是否有說「不」的能力？

派屈克‧藍奇歐尼（Patrick Lencioni）的管理小說《董
事會的前一夜》（*The Five Temptations of a CEO*）指出，
執行長的常見缺點是無法宣布壞消息。執行長會為了避免
衝突，只靠評分制度來指出公司績效不佳，但不會直接把
話說出來。由於自行執業的人就是自己的執行長，這項缺
點可能會致命，因為你將碰上各種必須向客戶說「不」的
情形。

第一種會碰上的情形是你得告訴客戶他們錯了。客戶
不喜歡聽這種話，但你得告訴他們。從長遠來看，報喜不
報憂的作法對顧問事業有害。記住：人家是為了你的專長
付錢，不是為了你的八面玲瓏付錢。

其次，你需要告訴客戶他們要求你做的事不在專案範
圍之內。我們當員工時，老闆說什麼，我們就做什麼；如果
你負責做 X，但被叫去做 Y，那麼你會去做 Y。當顧問則沒
那麼簡單。你是為了做到某個任務而簽約，如果客戶的要求
超出合約範圍，你會面臨專案不斷膨脹的窘境，而且合約必
須重新商議。和客戶重訂合約不容易，但不這樣做又不行。

最後，萬一客戶要求你做超出能力範圍的事，你也必須拒絕。經常會發生一種狀況，顧問提供建議，接著客戶會要求顧問執行。顧問或許適合做那件事，或許不適合。最好拒絕超出甜蜜點的追加工作，不要硬接，結果做得不好。真正的顧問會有高度的職業道德，完全替客戶考量，為了客戶的最佳利益著想而拒絕工作機會。

舉例來說，有個組織顧問有次替大型企業客戶進行大規模再造，客戶要求她替預想的新公司架構管理資深主管的招聘流程。這位顧問同意了，但她其實不具備高階主管獵人頭或招募的專長。她和許多成功的顧問一樣，自信過頭，心想**這能有多難？**幸好，她在靠優秀的組織設計長才建立起的客戶信任被消磨殆盡前，向我們求助。我們接手這部分的工作，請獵人頭專家幫忙找到新人才。最初的顧問則負責面試的流程，那是適合她的角色。有辦法說「不」，知道何時該說「不」，都是確保工作品質的關鍵要素。

個人品牌的關鍵要素

各位如果已經下定決心成為獨立顧問，或是已經在執業，那就可以來看個人品牌的關鍵要素。

消費品品牌的典型研究顯示，辨識度最高、品牌資產名列前茅的品牌可以得到最高收益。各位強化自己的品牌後，公司投資人也會連帶得到最高收益，而這裡的投資人

就是你自己。

不論哪個產業都一樣，品牌最終要看你的核心價值。簡單來講，你的品牌就是代表你的東西，以及你帶給客戶的東西。你提供什麼價值主張？你所提供的服務，買家覺得有哪些有形與無形特質？你的客戶將如何與你的品牌互動？從互動層面來看，你的品牌特色是什麼？

我知道有的人覺得這類問題是在打高空，所以我們來討論實務上該怎麼做。各位要從採取的做法、工作的模式與提供的成果來思考顧問事業。以做法為例，你提供客戶的服務是你能想出創意解決方法，還是你擅長深入挖掘問題？你把自己定位成專家、導師或教練？類似的問題還有你的工作模式是什麼？你親自做團隊需要做的事？或是你上山下海，接著帶著答案回來？最後，你帶來哪種類型的成果？客戶買單的是各方都會同意的解決方案、嶄新的設計，或是 30 頁白皮書？

表 1 列出幾種做事方法、工作模式與成果。想一想你的事業最像哪一種？或是你可以想到其他的答案？哪種態度是你的核心精神？以及你想做的工作？這個問題或許能協助你釐清事業的核心價值。

表 1 ▎ 找出事業的核心價值

做事方法	工作模式	成果
合作	流程導向	共識決
數據導向	加油打氣	激發靈感
分析	互動	理性
創意	大量研究	創新
專利	廣泛全面	可行性
獨特	技術輔助	符合文化
專業為主	團隊為主	影響深遠
提供諮詢	獨立	衝擊性強
導師	多用途	報告為主
直覺	通盤考量	值得引用
經過時間檢驗		可拓展

顧問的 SWOT 分析

各位思考個人品牌時,也可以採取策略型顧問的做法。SWOT 是所有商業策略的關鍵,也就是評估優勢(Strength)、劣勢(Weakness)、機會(Opportunity)、威脅(Threat)。

在優勢與劣勢部分,各位得找出在擅長的領域裡你會做哪些事、哪些事不做,例如某位財務長知道,自己的專長是拯救財務出問題的公司,而不是管理穩定型或成長型的公司。某位行銷溝通顧問可能擅長員工溝通,但沒有太多投資人關係的經驗。各位必須狠下心誠實的面對自己,

分析自己哪些事做得好、哪些做不好。由於我們對自己的評價不一定是別人對我們的評價,也可以請同事、主管、部屬說出看法。

各位可以視提供的顧問服務而定,也將軟技能(soft skill)納入評估,例如領導力、管理風格、溝通技巧。此外,顧客管理與團隊建立等其他軟技能也會在管理工作時扮演關鍵角色,這在獨立顧問市場也是一種賣點。

此外,也要注意自己資歷不足的地方,要是你只在同一家公司待過 10 年(很少接觸不同的做法),或是只管理過小團隊,也要留意相關的弱點。舉例來說,在新創公司界尋找臨時財務長零工的財務長,必須知道缺乏公司上市

表 2 ▎ 個人品牌的ＳＷＯＴ分析

優勢	機會
• 關鍵技能,包括硬技能與軟技能 • 成就 • 成果	• 相關產業 • 新技術 • 可轉移的技能 
劣勢	威脅
• 能力不足之處 • 不喜愛的事物 • 失敗	• 其他競爭者 • 景氣狀況 • 訂價

前（pre-IPO）的經營經驗會是那個領域的劣勢。

你的劣勢不只是經驗有限的領域而已，還包括你不喜歡做的事。大家都知道，人性會把喜歡做的事做得最好，因此你得找出不喜歡的事。如果你已經受夠 Excel 模型，這輩子都不想再看到，那就得把這點納入考量。你的劣勢不是你不擅長建立模型，而是你選擇不碰。

如果你曾有大量的商場失敗經驗，這可能是劣勢，也可能是優勢。不曾讓團隊具備生產力的銷售經理有可能是優秀銷售人員，但不是好經理。產品上市失敗的產品經理可能從中學到大量經驗，知道推出消費者產品時不該做的事。再提醒一遍，你愈清楚自己的不足之處，你的 SWOT 分析結果就愈真實。

機會指的是可能在新市場、新產業派上用場的可轉移技能。如果你是某項技術的先驅，有能力將那個知識帶進其他尚未採用新技術的產業，那項技術有可能是你的強大資產，例如數位行銷在今日是高度受到重視的技能，尤其是在比較慢才開始經營社群媒體的老牌企業。

再提醒一遍，各位在做個人的 SWOT 分析時，可以考慮請以前的主管、同事、部屬提供建議；360 度回饋（360-degree feedback）除了是很好的組織績效評估工具，也可以用在你的個人分析。之前我還是青年總裁協會（Young President's Organization）成員時，我們會定期做

這種類型的個人評估，關鍵方法是提出簡短的一組問題，請大家提供意見，例如 Uber 執行長崔維斯・卡蘭尼克（Travis Kalanick）利用「T3B3」這個簡單但有效的回饋制度。T3B3 是指找出自己做得最好的前三大技能（Top 3），以及做得最差的三項技能（Bottom 3）[2]。方法很簡單，你只需要讓大家知道，你想請他們做的事不是講你的好話，而是找出你能提供的「獨門祕方」。大家的答案可能出乎你的意料。

定位自己的事業

完成這項練習後，就可以開始創造與定位自己的品牌。首先，定義你將帶給目標市場的價值主張，你的利基是什麼？你要如何從其他服務提供者之中脫穎而出？客戶為什麼要找你？價值主張就像基石，因此要好好定義，最後有可能變成你在推特或 LinkedIn 上的行銷口號。如果提供那項服務無利可圖，你可能尚未找到正確的價值主張。

我最近聽到史丹佛研究院（Stanford Research Institute）的前執行長庫特・卡爾森（Curt Carlson）談價值主張。他觀察到多數公司並未定義一項價值主張中的要素，因此他提供一個同時適合企業與獨立專業人士的方法，將價值主張分為 4 大要素，縮寫是 NABC[3]：

◆N 是描述你滿足的需求（need）。

◆A 是滿足需求的方法（approach）。

◆B 是成功滿足需求後扣去成本的獲利（benefit）。

◆C 是市場上滿足相同需求的競爭對手（competition）。

　　從這四項要素思考自己提供的服務，可以協助你重新定義價值主張，在市場上找到定位。

　　找到定位後，就能開始培養前瞻思維（thought leadership）＊利基。這一點經常被服務業忽視。在 M 平方公司的早期歲月，我們與旗下品牌顧問合作，一起創立 Collabrus 薪資服務公司。他們讓我們做大量的練習，提出明確的價值主張（見表 3），恰巧這個練習可以找出卡爾森提倡的 NABC 要素。

　　我們當時寫下：

　　對運用獨立人才、關心獨立外包人員法規遵循的公司而言，Collabrus 是風險管理解決方案的公司，我們協助客戶不必再擔心錯誤歸類員工帶來的風險與罰則。Collabrus 與其他薪資管理公司不同的地方在於，特別針對顧問獨立外包人員，提供符合相關需求的套裝服務。

＊ 引領業界潮流的策略與做法。

表3 ┃ 品牌定位宣言

對＿＿＿＿＿＿＿（1）

的＿＿＿＿＿＿而言（2），

我的品牌／公司是 ＿＿＿＿＿＿＿的公司（3），

我們＿＿＿＿＿＿＿（4）。

我的品牌與＿＿＿＿＿＿＿（5）不同的地方在於，

＿＿＿＿＿＿＿（6）

空白處可填入：　　1. 客戶的感受　　4. 關鍵優勢

　　　　　　　　　　 2. 目標受眾　　　5. 競爭產品

　　　　　　　　　　 3. 一般性描述　　6. 原因／價值主張

行銷顧問可能寫下這樣的主張：

對需要開始對數位行銷下功夫、不確定該如何著手的公司而言，數位傳播公司是全方位的數位行銷公司，協助客戶擬定有評估標準、帶來成效的數位行銷策略。數位傳播公司與其他的社群媒體顧問公司不同的地方在於，我們專門替您的品牌提供量身打造、獨一無二的數位服務。

這個例子的關鍵是第5格填入的答案，也就是競爭產品。以這個例子來說，其他的競爭者包括客戶公司的內部部門或廣告公司。實務上可能有數個競爭者搶著提供這項

服務，所以做這項練習的一個方法，是替每一種類型的競爭者都寫下主張。這是很好的練習，你可以趁機定義自己的核心服務，找出目標顧客與競爭對手，找到自己在市場上的差異化定位。

各位還可以額外做一件事：除了找出適合自身品牌的案子，也考量你不接的工作。替自己工作的好處是可以挑選你要的工作環境、產業與地點，例如要是替菸草公司工作違反你的道德原則，那就不要接那樣的案子。如果你想限制出差次數，那就確認你的品牌（也就是你）可以掌控的出差行程。

我們有一次的任務是擔任一家大型非營利健康照護組織的臨時財務管理人員。接手三個月的顧問非常喜歡對方充滿愛心的使命，對方也相當喜歡她的服務，最後請她擔任「永久」的財務主任。我們的顧問考慮了很久。她雖然喜歡這次的短期任務，但這家健康照護組織隸屬天主教體系，我們的顧問並不認同天主教對同性戀的看法。短期提供服務沒有問題，但長期服務不符合她的核心價值觀，不符合她的個人品牌。

另一種拓展個人品牌概念的方式是想成一個故事。傑瑞米・古曼（Jeremy Goldman）與阿里・詹古特（Ali Zagot）在《人人按讚》（*Getting to Like: How to Boost Your Personal and Professional Brand to Expand Opportunities, Grow your Business and Achieve Financial Success*）中提倡建

立一個品牌敘事（brand narrative）的好處，提議以七個要素想出這個故事，把七個要素的英文字母第一個字合起來，正好是 RAPTURE（著迷）：[4]

◆ 關聯性 Relevant（R）：你的品牌故事應該具備關鍵的核心要素。

◆ 真實性 Authentic（A）：你的故事必須真誠動人。

◆ 說服力 Persuasive（P）：你的故事必須說服大家想多發現到你。

◆ 即時性 Timely（T）：必須跟上潮流，在今日世界與議題上發揮作用。

◆ 好理解 Understandable（U）：故事必須很容易理解。

◆ 感同身受 Relatable（R）：大家必須能夠想像你的所作所為，以及為什麼那樣做很重要。

◆ 教育性 Educational（E）：這應該是你的電梯簡報，要教育目標客戶你實際上是誰。

兩位作者接著指出，RAPTURE 尤其適合正在轉換跑道或推出新計畫的人士。你能否成功，要看你能否說出你是怎麼做到這點？為什麼你是處理特定問題的正確人選？為什麼客戶應該選你，而不是選別人？

這裡要特別說明，以上的練習不是讓各位想好答案後，把答案放上網站。重點是這些練習提供絕佳的架構，協助你說清楚你想傳遞的訊息。做這些練習最重要的好處，或許是你將專注在真正能耕耘專業能力的領域，成為業界的思想領袖，贏得客戶的敬重。

　　各位可以從價值主張著手，建立品牌形象，也就是你讓目標客戶看到的面貌與感受。從公司名稱著手，接著延伸至 LOGO、標語、網站，以及其他所有的行銷素材。品牌形象是產出服務時的包裝。

　　舉例來說，策劃在企業會議空間舉辦的活動與非營利組織的活動相當不同。前者可能必須呈現公司的制度長處、技術能力、專業能力。非營利組織的活動則可能希望喚醒社會責任、注重創意執行與控制成本。

　　品牌形象可以強化你的訊息，助你的事業一臂之力。以前面的例子來說，把公司命名為企業會議集團（Corporate Meetings Group）可能已經適當的把自己定位在服務企業的財務長，可以想像出用豐富而奢華的色彩形象來營造出正式優雅的感覺。如果是取名為瘋樂趣（Fun Comes）則適合幽默的形象，以奇妙的顏色，展現出創意十足的本色。

　　希望重新打造自身品牌形象的顧問，可以參考 99Designs.com。這是一個群眾外包設計平台，上面有超過

130 萬名自由接案的設計師。只要提供公司資訊，指定你
想要的服務（LOGO 設計、品牌識別包裝、網站設計等
等），99Designs 會在平台上推出一項競賽，設計師搶著做
你的生意。他們提點子，你只要挑喜歡的點子就好。

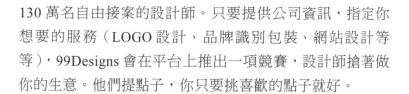 在數位世界傳達你的品牌

過去溝通品牌的主要方式是在履歷上加上一本小冊
子，今日的數位世界則多了許多額外的選項，但不論使用
哪　種行銷管道，都可以運用幾個關鍵原則：

◆ **別造假。**根據人力資源網站職涯打造者（Career
　Builder）的調查顯示，58％的全職應徵者在履歷上
　說謊。[5] 這個調查結果可能只是顯示顧問比較誠實。
　各位的履歷必須正確無誤。

◆ **同理，別誇大曾經負責的工作。**同一項研究中，
　54％的應徵者修飾自己的背景。[6]

◆ **強調過往的成績，而不是你的頭銜。**客戶買的是專
　業、洞見，以及專案被交到正確人士手中的安心
　感，記得在自我介紹中強調那些面向。此外，不同
　頭銜在不同企業有不同意思。蘋果公司（Apple）裡
　的公關專家與 Y&R 廣告公司（Young and Rubicam）
　等專業服務公司的公關有非常大的差異。

◆ **介紹專長時，不要放上不相關的早期職涯經歷。**如果想完整提供的話，可以這樣說：「進入科技業之前，曾在房地產市場耕耘 5 年。」

◆ **強調你的前瞻思維。**如果尚未擁有可以展現你具備前瞻思維的內容，可以從社群媒體空間開始發展。

◆ **確認所有的內容完美無缺。**沒有錯字、標點正確、文法無誤、格式一致。

　　好了，以上是基本原則。接下來要討論整體的品牌溝通策略。在今日的世界，不論是擅長哪個領域的顧問，除了要有紮實的履歷，還得隨時更新 LinkedIn 上的自我介紹。下面會提供一些如何讓 LinkedIn 履歷優化的訣竅。

　　在某些專業領域，例如數位行銷，實際上個人網頁是必備的工具，那是個人品牌的延伸。你如何設置網站、網頁導航、搜尋引擎優化（SEO）、RSS feed，以及其他可能放上的連結，一切都看得出你是否具備領域專長。擅長行銷的網站，或許無法顯示出處理破產的財務專家所擁有的專業能力，但破產專家可以寫出具備前瞻思維的文章，放在網誌、部落格、LinkedIn 上，展示自己熟悉高度複雜的議題。

　　傳播業人士或記者可以定期寫部落格，部落格可以是網站的一部分，也可以是分開的部落格網站。各位的網站應該連至 Tumblr 等內容整合者，增加觸及率。部落格是

品牌的延伸，可以藉由發表的文章展現你的能力。

同樣的，寫部落格與定期 PO 文也很適合用來展示自己對某個主題具備前瞻思維。以我為例，我除了在個人網頁（marionmcgovern.com）放上零工經濟的部落格文章，同時也在 LinkedIn、Tumblr、推特放上文章連結，有時連知識問答網站 Quora 都放。無法自動連結的數位平台，例如沒有相關界面的 ExecRank 顧問平台，我會手動放上內容。相關步驟會增加製作分享內容的成本，但可以增加訊息的觸及率。

演講是重要的品牌推廣工具，可以將觸角延伸至數位世界外的即時受眾。各位考慮接受演講零工時，例如前往 TED 或扶輪社演講，一定要確認自己的講話會被錄下，隨後放上個人網站或社群媒體。記得要提供主題標籤（#），鼓勵聽眾將你的演講內容即時放上推特，進一步打造你的社群媒體品牌。

推特也可以加強你的事業品牌。強調出你的專長領域的「推文」永遠是好文章，不過多數使用者也會放上事業、運動、事件有關的文字，以及隨機的心得，這樣的話，推特可以讓人感受到一個人的真實生活；這個人可能是優秀的網路顧問，但從推特動態來看，她還是巨人隊（Giants）的球迷，真有趣。

至於是否要加入其他的社群媒體管道，要根據你的專

業領域而定。如果從事美食、藝術、服飾等相關工作，Pinterest 可能很重要。如果是擁有影片內容庫的人士，例如教練或專題講者，YouTube 頻道可以讓你脫穎而出。Instagram 等照片網站則對大量使用影像的行業來講很珍貴，例如攝影、藝術、設計。

臉書是萬用網站。有的人（包括我）把臉書用於私人用途，不用在工作上；除非真的是朋友，否則不會加生意上認識的人為「好友」。同樣的道理，我會在 LinkedIn 上把學生加為好友，但不會把他們加進臉書朋友。儘管如此，我有個 MBA 學生是卡車業者，他的重型營建客戶分布在美國西北部。他主張臉書對他的客戶關係管理來講十分關鍵。他的客戶不上 LinkedIn，但全都在臉書上。如果各位選擇使用臉書，可以考慮替事業設置專頁，和個人網頁分開。

此外，相較於 B2B 顧問，B2C 顧問有可能需要工作用的臉書帳號，例如婚禮顧問可能會比企業的活動企畫更需要有臉書追蹤者。

不論是一般網站或社群媒體網站，在使用這些工具時都要記得一件事，維護都需要花時間。如果不定期發文，部落格不會有太大的價值。LinkedIn 與推特也需要適當的管理，才可能產生一定的品牌影響力。電影《夢幻成真》（*Field of Dreams*）的著名台詞是：「如果你建了，人們就會來」（If you build it, they will come），然而數位世界沒

這麼簡單。最後提醒各位，架設部落格與網站有成本，需
要投入開發成本、維護成本與主機費用。

　　各位在定義品牌溝通策略時，要問幾個基本問題：

◆ 哪一種管道／工具能向潛在買主展示我的技能？

◆ 潛在買主最可能在哪裡看見我的社群媒體活動？

◆ 在五花八門的平台與選擇中，我可以維持行銷活動
　到怎樣的程度，來強化我的個人品牌？

數位品牌足跡的注意事項

　　LinkedIn 與推特是兩個關鍵網站。在上面留下數位品
牌足跡時，記得留意以下幾件事。

LinkedIn

　　LinkedIn 是今日所有顧問必備的工具，超過 1.5 億人
在 LinkedIn 建立人際連結與專業人脈，所以在那裡出現很
重要。客戶如果要評估你的能力，第一件事就是上
LinkedIn。此外，LinkedIn 也是連結數個數位平台網站的
管道，需要靠 LinkedIn 的個人檔案，才能加入那些平台。
你的 LinkedIn 檔案有可能同時出現在數個數位平台，因此
更有理由放上完美、完整的自我介紹。以下是幾個在

LinkedIn 上塑造良好印象的訣竅：

1. **放照片**：如果看到某個人的照片只是藍色的預設頭像，我就會立刻假設這個人不是活躍的 LinkedIn 用戶，他對建立人脈沒有很大的興趣。我顯然不是唯一有這種偏見的人，各位要放上照片才會被認真看待。

2. **放上正確的照片**：不只要放照片，還要放正確的照片。LinkedIn 是工作網站，因此應該放上反映出專業形象的近期照片，不能用解析度差、一看就知道是從團體照剪下來的頭像。同樣的道理，玩風帆或啜飲夏多內葡萄酒的吃喝玩樂照片只適合運動圈或餐飲界的人士。

3. **完整填寫正確的資料**：不要說謊或誇大，這會被發現。此外，記得填寫完整的資料。如果你的公司沒有名氣，那就說明那是什麼樣的公司（例如：「史密斯瓊斯公司〔Smith and Jones〕，皮奧里亞市〔Peoria〕最大型的數位廣告公司」）。不要期待看到資料的訪客會點選公司網站，花時間了解你的公司在做什麼。再說，你也不希望訪客一下子就離開你的頁面。

4. **聰明利用職稱欄**：每一位 LinkedIn 使用者的名字下方都有職稱欄，許多人甚至沒利用這個額外的網站功能。你可以放上 120 字的敘述，好好利用這個欄位，趁機宣傳個人品牌，例如放上「約翰・史密斯，成長科技公司的供應鏈管理專家」，遠勝過「約翰・史密斯，史密斯

顧問創辦人」。

5. **只加相關的人**：理想上，你應該只加認識的人。話雖如此，如果你的前同事約翰可以幫忙牽線，聯絡你想認識的人，那就不要只發送一般的邀請訊息。好好解釋你是誰，讓你的聯絡對象知道約翰願意推薦你。同理，在選擇接受朋友時也要小心。有的人廣發連結只是為了蒐集名單。除非你是人才招募員，不然不要給人家這樣的印象。

6. **在檔案介紹中加入專案欄**：開始接到零工案子後，把案子加進你的自我介紹。如果有的話，甚至可以利用 IITML 連結，連至專案的 URL。你也可以放上專案合作者的 LinkedIn 縮圖。

7. **多多加入群組**：LinkedIn 的資料顯示，不到 16％的使用者加入的群組達到上限，也就是加入 50 個群組。如果在群組之中表現活躍，個人檔案被留意的可能性會大增。多數顧問會加入數個專業領域群組。此外，通常也會有校友組織。如果你是群組成員，就不需要聯絡人居中幫忙，才能傳訊息給某個人。因此參加的群組愈多，就愈容易打入 LinkedIn 網絡。

8. **在 LinkedIn 上發表部落格文章**：LinkedIn 最近推出部落格平台，服務多數沒有網站或部落格的專業人士。不論使用哪一種部落格都一樣，文章內容要豐富，標題要

簡短，更新要頻繁，還要展現你的前瞻思維。別忘了，如果你在其他網站也寫文章，例如我會在自己的marionmcgovern.com 個人網站放上文章，導入 LinkedIn 時會出現在訊息更新中，但不會直接出現在 LinkedIn 的部落格網站上。我有時不會把在 Wordpress 網站的文章連至 LinkedIn，而是直接貼在 LinkedIn 上。這個步驟同樣會帶來額外的工作，但可以增加文章在 LinkedIn 社群的能見度。

9. **LinkedIn 的背書功能沒有意義：**大家應該都碰過，某個你幾乎不認識、沒一起工作過的人替你在 LinkedIn 上的技能背書。雖然那個背書可能錦上添花，卻不是真的認識你。大家似乎四處幫忙背書，可能是希望你會禮尚往來，也幫忙推薦他們的技能。我認為這種做法讓整個背書功能失去作用，不會讓其他人更加信任你的專長，比較像是臉書上的「按讚」，因此如果你有很多人背書，那很好，但沒有的話也不必緊張。

　　LinkedIn 的資深行銷總監凱瑟琳‧費雪（Catherine Fisher）強調，定期與平台互動十分重要。[7] 費雪認為在使用 LinkedIn 上犯下最大的錯誤是未能定期與社群保持聯繫。LinkedIn 與人際連結有關，LinkedIn 希望使用者利用平台培養人際關係。

推特

推特是時間不足者的品牌好幫手；如果用 140 個字元就能說出有意思的話，為什麼要寫一整篇部落格文章？推特是成長最快速的社群媒體平台[8]，所以萬一你還沒開始使用，快點加入，分享自己的觀點。你可以在推特上告訴跟隨你的人（follower，最好當中有潛在顧客），你如何看待某些議題與業界發展。推特是建立信譽的管道，因此值得花力氣經營，引發共鳴。以下提供幾點訣竅：

1. **學習使用推特**：如果你是新手，那就要想辦法了解推特。許多網站都有提供協助，Lynda.com 提供課程，wiki 網站也有說明，甚至還有《推特天才班》（*Twitter for Dummies*）的專書。哪種學習模式適合自己，就採取哪種模式。學會後，填好你的個人檔案。

2. **打造你的顧問管道**：打造顧問品牌時，你必須過濾推特世界的內容，找到與你的服務、客戶、品牌最相關的資訊，建立所有重要相關使用者的列表，也就是你的產業、你活躍的領域之中的專家，例如為了這本書，我建立數位平台公司、自由工作者平台、獨立外包人員等列表，每天查看這個世界發生什麼事。我的其他推特列表，包括送重建手術醫師至開發中世界做善事的非營利機構。各位猜得出來，這個列表中沒有重疊的名字（儘管如此，我有大量的整容手術跟隨者，他們大概很困惑

為什麼我對 Uber 的雇傭訴訟感興趣）。記得建立與品牌有關的列表，這樣你可以瞄準正確的內容，但也要跟上最新潮流，例如我的新聞列表放了 CNN 與《衛報》（*Guardian*）等所有獲知新聞的消息來源。下飛機時，如果之前手機關機，就能立刻查看頭條新聞。此外，我還有運動列表，所以就算我沒有刻意追蹤，也能永遠掌握舊金山巨人隊的賽況。

3. **只分享高品質的內容**：我分享能夠建立形象的事，也就是我的前瞻思維。不過，我也分享各式各樣感到有趣、具備啟發性、寫得好的主題。各位可以靠著只分享非常值得關注的事，成為跟隨者取得內容的來源。

4. **每天跟隨 2 個新的使用者**：你得經營推特，才有辦法得到實質的結果。方法是每天跟隨 2 個新用戶。可以從推特的「Who to Follow」（跟隨建議清單）中挑選。別忘了跟隨有趣的人。如同剛才提到，我除了工作列表，也有娛樂列表，當中有歌手布魯斯‧史普林斯汀（Bruce Springsteen）、高爾夫球選手伊恩‧保爾特（Ian Poulter），以及舊金山著名濃霧景觀的數位代言人 KarltheFog。

5. **每件事都做出回應**：如果有人發推文給你，或是提到你的推文、喜歡你的推文，請說謝謝，讓對話延續下去，最好還能收藏（favorite）任何你收到的轉推。讓對話持續通常是好事。永遠放上跟隨者的帳號，讓更多

人加入對話。

6. **有人跟隨你，你就跟隨他**：這是一種好做法，不過還是可以自行判斷要不要跟隨那個人。不曉得為什麼，某位雪梨的 S&M 專家跟隨我的推特帳號，我沒有禮尚往來。

7. **每天至少找出與轉推 2 則發燒議題**：推特的「Discover」（發現）按鈕是找到有趣推文的好方法，協助你追蹤更多原創內容。

8. **每天至少發 2 則原創推文**：有的人感覺這點最難，但你愈常發表看法，就會愈白在。此外，推文愈原創，跟隨者就愈多，你的平台參與度也會增加。可以利用原本就存在的主題標籤（#），也可以白創。記住：主題標籤可以讓大家找到你。

　　從以上的做法看得出來，展示個人數位品牌需要投入一定程度的心血，但即便耗時費力，這樣的努力能夠大力推動你正在建立的品牌。

掌控數位品牌

　　最後，一定要全面維護你的數位品牌。萬一有負面的發言或是尷尬的網路史，就非常有必要注意這點。如果沒有這種情況的話，平時也要留意。

　　只要付費，許多公司可以替你管理數位名聲，例如 Reputation.com、Reputation 911、Gadook。不過，許多數位名聲管理公司的主要服務對象是企業與品牌，如果考慮使用相關服務，記得評估找到的公司有多擅長協助個人。

　　以我而言，我使用 BrandYourself.com，這個 DIY 網站提供個人也負擔得起的數位品牌管理服務。各位可以申請免費帳號，或是以極低的成本取得額外的服務。BrandYourself.com 會搜尋網路，找出特定人士的網路資訊，不過如果你的名字很常見，例如瑪麗‧史密斯，可能多筆資料都會提到這個名字，難以篩選究竟哪一個是你。我沒想到某個賓州前警長與我同名，也叫瑪莉安‧麥加蒙（她的名字拼法稍微不同，是 Marian McGovern，但依舊可能造成混淆）。另外，網路上還有另一個瑪莉安‧麥加蒙的訃聞。我在網站上註明哪些同名的搜尋資料是我，哪些不是。

　　潛在的客戶與雇主在網路上搜尋你的時候，不只會看你的資歷，還會看是否有「危險訊號」。例如要是他們搜尋到嘲諷的推特文，覺得你可能是個難以共事的人，你們之間的互動還沒開始就結束了。因此名聲管理網站的許多使用者是獨立專業人士，他們明白必須保護自己的數位名聲。

　　如果你的名字會出現負面的網路搜尋結果，不論是文章、評論、照片，BrandYourself.com 會引導你讓那些東西

銷聲匿跡。藉由讓 Google 搜尋出現更多較近期的正面結果，使得負面的搜尋結果影響降低。我定期重複這個步驟，確保自己的數位品牌不受傷害。

數位世界最後的叮嚀

維護數位品牌需要下工夫，可能會導致你為了經營自己的形象，花太多時間待在電腦螢幕前。不要掉進陷阱，以為只要靠著在數位世界露面，事業就會有所進展。雖然不無可能，但別忘了客戶要的是有真材實料的人。SOLO 計畫公司研究獨立工作者的生活後，在《SOLO 城市報告》（*Solo City Report*）中指出一個關鍵的社群媒體研究發現：「社群媒體無效。」[9]這個結論的意思不是品牌工具沒有用，而是指社群媒體無法帶來真正的生意，僅 4％ 的受訪者認為社群媒體是寶貴的接案來源。因此別忘了，社群媒體是打造品牌的好工具，但對銷售沒什麼幫助。你必須走出去參加產業大會，認識新朋友，定期培養人脈。

顧問是一種專業。教育、法律、醫療等許多專業都需要持續進修，才能保住執業資格，所以你也應該不斷學習，打造個人品牌。雖然網路管道感覺比較方便，但一定要花時間與客戶親自見面，建立人際連結，提升自身的專業長才。

要點回顧

◆ 你的品牌建立在你的核心價值觀之上。

◆ 讓顧問品牌更上一層樓的方法，包括釐清價值觀、SWOT 分析、定位宣言練習。

◆ 任何與品牌相關的內容都應該要很完美，不能有拼字或文法錯誤。

◆ 你的所有個人背景資訊都應該很正確、不加以美化。

◆ 社群媒體管道可以協助建立個人品牌。至於要選用哪一種，依你的專長而定。

◆ 多數顧問應將 LinkedIn 與推特當成品牌網站來經營。

◆ 定期花時間與心力在社群媒體上，才有辦法藉由社群媒體建立品牌。

◆ 投資數位品牌名聲工具，全面掌控自己的數位品牌。

◆ 利用社群媒體管道建立的數位品牌無法直接帶來銷售，但可以助你一臂之力。

「讓我看到錢。」
——球員羅德・提德韋爾（Rod Tidwell），
電影《征服情海》（*Jerry Maguire*）

第 5 章

為你的服務
正確訂價

好的，各位現在已經定義自己的價值主張，也打造生動有趣的個人品牌，開始賦予品牌適當的數位聲音，現在是時候要銷售你的構想和你這個人了。10 年前，事業發展到這個階段還是有很長很長的路要走，你得掛上招牌，四處奔走，建立人脈。然而，在今日這個社群媒體的年代，事情可能發生在彈指之間，不過你依舊得多管齊下，才能打造出成功的事業。

不過先說最重要的事，來談談錢的問題。

確認收費架構

收費方式五花八門，不過主要來講有四種：按時數收費、專案費、成功費、配股。按時數收費最常見；企業習慣依據工時付費給專業服務提供者，例如律師與會計師，因此以相同方式付顧問費順理成章。儘管如此，如果按照工時計費要留意相關法條，因為依據工作的性質，可能會出現違反薪資與工作時數法規的問題。此外，有的監理單位把時薪當成認定標準，判斷相關工作者應被視為員工而非契約工（第 7 章將進一步討論這個主題）。

許多方法都能協助你找出設定平日費率的公式，相關考量包括可以收費的時數；休假或開發生意等無法納入計費的時間；行銷成本、會計費用等支出；稅前的目標收入等等。ConsultingSuccess.com 網站提供線上計算工具，但

除了自己想收多少錢，也得考量客戶願意為你的服務掏出多少錢。

　　按天數收費是按時數收費的延伸。有的客戶偏好按日計費，尤其是如果他們在意每日工時的時候。此外，工作坊與策略顧問也歡迎按天數收費，因為策略計畫或訓練課程一般要好幾天。替這類零工訂一天收費 2,000 美元（金額可以任填），將是更為有效的訂價策略。

　　同樣的，按月收取的委任費，也是按時數收費的延伸，適合每個月所需工時不確定或不一定的工作。委任費一般適合不需要全職投入的工作，例如小型公司可能以合約的方式聘請兼職財務長。委任費在公關領域尤其常見，不過委任費的問題在於，客戶要求完成的工作可能會超出時間允許的範圍。最理想的委任費架構是講好在一定期間內「不得超出」多少時數，額外的時數以雙方都同意的方式按時數計費。

　　策略與科技領域的常態則是依專案收費。選擇這個方法的顧問必須擅長估計成本，尤其是達成理想結果所需的時間。各位如果採用這種方法，一開始就要談清楚最後的產出。許多依專案收費的顧問碰上的大麻煩是「工作超出合約範圍」，也就是客戶不斷追加最初沒提到的工作。如果是沒講好的事，顧問得決定是否要延長工作時間，或者是要重新商議合約。

思科等許多大型企業從另一個角度看待這個問題，反過來認為自己並未得到當初講好的結果。解決辦法是藉助專案管理方法，事先擬定複雜的「工作說明書」（Statement of Work），詳細定義工作產出。

　　工作說明書是多數專案管理計畫的標準做法，公司請人承包專案中可獨立工作的部分。工作說明書會以大綱的方式列出工作細項。人力資源產業分析師顧問公司最近的〈零工經濟評估〉調查，直接將工作說明書專案列為一種獨立工作，顯示這個方式已日漸被採用。理想的工作說明書應該納入：

◆ 專案描述或工作範圍。

◆ 詳細描述每一個預定產出的內容與完成日期。

◆ 安排行程時，納入所有可預見的問題與事項（例如：國定假日、個別人員可以工作的時間、報告或資源）。

◆ 工作的執行地點。

◆ 期中產出與最終產出的報告。

◆ 各項費用，包含可以編列的支出。

　　相關費用一般以達到某個里程碑來計算。由於許多工作說明書專案曠日費時，因此依據產出的計費方式，通常

還會外加每月的委任費。多數採取工作說明書的公司有詳細的專案追蹤系統。一般來講，達成產出後就會自動付費。在這類環境下工作的顧問需要了解相關系統的細項，以正確的方式報告進度，確保專案能夠成功。

專案成功費在金融或併購零工中很常見。顧問的收費根據是否替客戶爭取到資金或公司買主，例如金融顧問收取出售價格或募得資金的一定比例。制度較為完整的公司可能採取反向的雷曼架構（Lehman structure），也就是募得的資金愈高，專案成功費的比例就愈高。

營運改善專案也可能採取專案成功費制度，費用多寡由省下的營運費用而定。此時會碰上的問題是：如何判定是因為執行專案而得到節流的效果？這一定要在事前就清楚講好判斷節流金額的費用計算方式。

最後，以股權代替現金費用是新創公司界最熱門的方式。各位如果選擇這種方式，別忘了這種收費的風險最大，因為公司價值可能最終沒有變現的一天。此外，就算最終沒變現，得到的股權的確有價值，因此你拿到 X 新創公司價值 5,000 美元的股票，依舊得申報為應課稅所得。如果你決定拿權證或股票，最好加上至少能彌補稅金的現金報酬。以我的 M 平方公司為例，如果是以股權代替費用的案子，必須先由財務長核准，因為這種收費方式實際上是一種信用決策；我們接下案子前，財務長會先評估客戶公司的財務穩定度。各位如果考量拿股權來折抵費用，一

定要先請教稅務顧問，可能也得先請教會計。

设定價格

　　確定服務費用的架構後，接著要思考你要收多少錢。許多顧問沒意識到最終決定價格的是工作內容，而不是你的專長、收費方式或資歷。任何人都可以、也理應設定各種費率。替面臨破產危機的公司擔任臨時財務長的收費，理應比對一般子公司擬定財務計畫的收費還高。同樣的，別人介紹的工作理應收費較低，因為花的力氣較少。不過不管怎麼說，最重要的是市場價格。

　　顧問工作要有市場價格的概念總是會令一些讀者惱火。顧問又不是商品，不像傳統辦公室的臨時工，怎麼可能會有市場價格？然而數位平台的出現，有可能帶來一個有效率的市場，進而出現真正的市場價格。

　　不過，房子是最好的類比。凡是買賣過房子的人都了解「比價」的概念。世界上沒有兩棟完全一模一樣的房子，因此房仲業者會用相同類型的房屋訂出掛牌價。有的房子可能有游泳池，有的可能有樹屋。游泳池與樹屋等不同特色的房屋在計算價格時，具備不同價值。顧問也一樣。沒有兩個專案會一模一樣，所需的技能也不一樣，就連個人的學經歷也有差別：強調芝加哥大學（University of Chicago）畢業的 MBA，與強調史丹佛或耶魯畢業的

MBA 明顯不同。

此外，各位要考量的關鍵比較項目，包括客戶如果改成直接聘請員工要花多少錢。此外，客戶也可能不發包給獨立顧問，而是禮聘麥肯錫等知名顧問公司，或布利吉斯潘（Bridgespan）等專業組織。

在訂定價格範圍時，記得要考量所有可以比較的項目。以下是訂價時可以考量的一些事項：

◆ **風險與報酬直接相關**：專案的風險愈高，不論是因為範疇廣或目標高，都應該收取更多的錢。例如協助重建公司，失敗的可能性很高，獎勵就應該比較多。反過來講，如果某個專案對你來講風險極低，因為你已經有過數千次類似的經驗，或許可以打折。

◆ **把累積資歷當作長線投資**：如果接下某個工作可以拓展技能，累積智慧資本，就算比其他的工作收費低，你也應該要接下來，因為長遠來講，你會更具市場性，而且有可能因此提高收費。請把這樣的機會當成投資。不過，有的人會走極端，為求累積資歷，願意免費接案，但除非是替非營利組織做慈善工作，不然我不建議這麼做。收取較低的價格是合理的做法，但完全不收費是在自貶身價。

另一方面，如果客戶想從你那裡獲得某個產業、公司或技術的特殊知識，打算擁有或利用你帶

來的智慧財產權，也應該收取較高的費用。你需要
更多的投資報酬。

◆ **有時你需要危險津貼**：一般只有極端危險的工作才
有危險津貼，例如派駐危險國家的美國大使館安全
約聘人員，但有時顧問工作也可能帶來人身安全問
題。我的公司曾經接下某醫院集團的鑑識會計專
案。該集團旗下的 25 間醫院結算年底薪資時，全部
使用過時的稅率表，造成 25 名執行長拿到不當的薪
資，把錢要回來的場面很難看。那樣的零工工作需
要收取額外費用，不但繁瑣，還充滿衝突。

◆ **搭乘 Uber 與租車價格不同**：我的第一本書《新時代
的專業人士》的共同作者丹尼斯·羅素（Denis
Russel）用計程車與租車的不同來很好的比喻顧問的
訂價。[1] 由於這本書談的是零工，所以我把計程車的
比喻改成 Uber 服務。大家為了不同的目的，有時搭
Uber，有時租車。Uber 每公里的收費比租車高出許
多，但大家願意多付錢，因為 Uber 提供便利性，立
刻滿足交通需求。同理，如果一個是十萬火急的客
戶，一個是願意等你花 3 個月做研究的客戶，費用
的算法理應十分不同。

◆ **各位可以考慮採取 1% 原則**：我同樣也在第一本書
提過這個好用的經驗法則[2]：按日計算的費用，應該
是年薪的 1%，例如認為自己的專業目前的薪資行情

是 20 萬美元的行銷顧問，每日的服務收費應為
2,000 美元，或每小時 250 美元。年薪 8 萬的初階人
士應該每日收費 800 美元，或每小時 100 美元。儘
管如此，別忘了價格的決定性因素是工作的內容，
而不是你的學經歷。

◆ **主要客戶可以考慮提供優惠：**不動產市場把購物中
心的主要零售商稱為關鍵承租戶。關鍵承租戶不但
會帶來購物人潮，還占了高比例的租金收入。同
理，主力客戶不斷給你案子，讓你有錢繳房租，年
年都有同樣的客戶帶給你源源不絕的專案是很美好
的事。有的顧問會在幾年後希望調漲費用，但除非
你的成本大幅增加，不然最好克制住那樣的衝動。
對有的人來講，有辦法事先知道今年有某個公司的
案子可以做是很奢侈的事，應該好好珍惜那個客戶。

◆ **膽大心細的人才有辦法接政府的案子：**美國聯邦政
府與州政府是顧問服務最大的消費者。美國行政事
務局（General Services Administration）每年花在這
裡的支出約 500 億美元，其中有許多流向小型企
業。然而，以獨立工作者的身分做政府生意自然不
容易。如果要具備贏得政府合約的資格，首先得向
鄧白氏公司（Dunn & Bradstreet）取得共九碼的專屬
鄧白氏環球編號（D-U-N-S number）。很多時候還需
要安全許可，需要註冊獎勵管理系統（System for

Award Management, SAM）。這似乎聽起來有點複雜，的確如此。

　　各位的專長如果是政府需要的領域，另一條路是與需要你服務的小型顧問公司結盟。把繁瑣的政府流程交給那間公司解決，不需要自行處理。

要點回顧

◆ 費用結構有很多種形式。

◆ 訂價不只要看你的技能與專長，還得看工作性質。

◆ 工作說明書的專案日趨普遍，尤其是科技業。這類案子的訂價依據產出而定。

◆ 承攬政府業務可能需要與其他公司或就業平台合作。

「銷售靠的是 90％的信念，加上 10％的說服。」
——作家希夫・凱拉（Shiv Khera）

第 6 章
推銷服務的方法

電影《夢幻成真》的著名台詞是「如果你建了,人們就會來」。有的人開展顧問事業時,把那句話當成座右銘。然而事實上,即便是最頂尖的專家也得持續不斷努力,才能成功銷售顧問服務。各位可以考慮採取三種主要接案方法:

1. 直接銷售。
2. 經由仲介商或專業人才顧問公司接案。
3. 在數位人力平台上接案。

直接銷售

有的人喜愛銷售工作,有的人不愛。有的人雖然喜歡賣產品,卻痛恨推銷自己。我在為本書做研究時,調查獨立顧問如何經營事業,不到 5％ 的受訪者回答喜歡銷售自己的顧問服務,40％ 表示因為必須這樣做才去做這件事。

能夠銷售的關鍵是相信產品。如果你真的相信自己能替客戶做出結果,就能成功把服務銷售出去。資深顧問最常利用自我推銷來爭取到生意。

任何產品的銷售步驟都一樣:開發客戶、耕耘客戶、評估客戶、再來是爭取生意。開發客戶的方式五花八門,包括發送電子報、在業界的職業團體建立人脈等等。

耕耘潛在客戶的方法包括撰寫部落格文章或前瞻思維

白皮書。順道一提，在我的調查中，提供前瞻思維是受訪者最喜歡的工作。接下來是評估客戶，這是經營事業的關鍵步驟，除了要判斷某個可能的專案是否要加入（有預算與一定程度的急迫性），也要確認是否符合自己的專長。然後是爭取生意，這是表達參加意願的重要步驟，例如替案子投標或提案。實際步驟可以參考 ConsultingSuccess.com 等網站。管理顧問協會（Institute of Management Consulting）等產業協會也都能提供協助。

毛遂自薦是全權掌握自身命運的方法。你選擇想瞄準的客戶、想做的專案類型，掌控替自己的事業定義的品牌保證。

同樣的，與客戶合作時，你協商出想要的價格、合約條款、工時長度，不過前提是擁有處理相關事務的基本設備。自行執業需要更多的組織架構來輔助，你需要基本合約、會計系統（至少要有能開報價單的工具），以及某種程度的行政支援（第 8 章會討論這個主題）。

從行銷的角度來看，直接銷售最耗時。雖然許多顧問一開始有來自前雇主或老朋友的專案，沒有這些人脈的人得想辦法開發聯絡人，找出潛在的客戶名單，還要隨時隨地建立人脈，培養關係，以巧妙的方式替自己製造機會，推銷工作。雖然 LinkedIn 等社群媒體工具可以讓你透過聯絡人輔助行銷工作，各位依舊需要花心血經營。（第 4 章提過，社群媒體不是銷售策略。）

各位可能得吃很多頓午餐，到處參加建立人脈的活動，四處演講，才能幫自己拉到好客戶。各位要面對現實：雖然很多人討厭經營人脈，但洛杉磯賽睿思高階主管公司（Cerius Executives）最近的調查顯示，最資深的顧問有將近85％的業務都來自人脈。[1] 這個數字非常高，所以你無法忽視這個步驟，理應要好好思考策略。

為了拓展業務進行投資是做生意的成本。相關成本不只是參加會議要繳錢而已，還有時間的機會成本；花在行銷的時間是沒有進帳的工作時數。雖然不論採取何種銷售管道都會產生無法收錢的工時，但直接銷售的成本可能最高，尤其是新手顧問。這也是為什麼不論資深或資淺，許多工作者會與仲介商合作，讓自己的銷售如虎添翼。

利用傳統仲介商

仲介商可以提供自己接觸不到的機會，但風險是接到的專案可能不會最符合你的專長，價位也不是自己為服務設定的價格，因此可能不適合你的經濟情況。話雖如此，仲介商的確是可靠的銷售策略。

例如，麥肯利行銷夥伴公司（McKinley Marketing Partners）、商業人才集團等專業人才顧問公司的價值主張是「配置獨立顧問專家是關鍵的商業策略」。這類仲介公司與客戶合作，協助客戶了解如何運用即時市場狀況來獲

得競爭力。專業人才顧問公司的口碑可以帶給顧問好處，顧問被視為問題的解決者。這些公司並不是推銷個別的顧問，而是標榜替客戶找到可以解決問題的正確專家。與他們合作的顧問，基本上是在利用顧問公司的品牌來擦亮自己的招牌。

各位與專業人才顧問公司合作時，專業人才顧問公司會靠著自己的銷售團隊取得專案。如果你被視為合適的人選，公司將聯絡你。專案通常會有公司和客戶談好的預算，那個預算不一定符合你替自己訂的價格。你必須決定要不要接案。

如果要跟仲介合作，基於以下幾點原因可以考慮降價接案：

◆ **專案提供充實新技能的機會。** 或許你之前是本土消費者品牌的數位行銷專家，這次的專案則需要一個在關鍵國際市場相同產品類別的數位策略專家。如果這次的專案可以使你的技能庫增加跨國技能，那就值得降低價碼。（第 5 章提過，累積資歷是好投資）。

◆ **爭取這個專案的銷售費用不多，或是完全沒有費用。** 在這樣的情況下，你應該會願意降價，不按直接爭取到的專案費率收費。

◆ **對方是你一直渴望合作的公司。** 例如我的 M 平方公司先前大量與盧卡斯影業（Lucas Films）、盧卡斯數

位公司（Lucas Digital）合作，數個專案在天行者山莊（Skywalker Ranch）進行，這是位於舊金山車程約 45 分鐘的荒野（真的是荒野，必須在中途某個地方找到一條泥巴路，尋找地圖上沒有標示的地點）。能替《星際大戰》導演工作的夢幻機會，讓無數的顧問願意降價接案，並通勤工作。

多數企業會聯絡推薦人，確認接案人選的資格。如果要增加中選機率，你應該整理好這樣的推薦人。舉例來說，客戶有多樣類型的行銷傳播顧問，要能輕鬆提供「演講稿寫作零工」與「年度報告專案」的推薦人。

仲介公司一般會負責報價，向客戶收取款項，協助處理合約與保險事宜。有的仲介商會願意協商合約中的某些條款，但別忘了，仲介商與你簽訂的合約，與它們和買方簽訂的合約是一體兩面，客戶端可能不願意大幅修改標準合約。（第 8 章會進一步討論相關議題。）

這些公司會幫忙處理許多行政事宜，不過許多顧問之所以喜歡與他們合作，最重要的原因是這類公司有銷售人員。銷售團隊會到市場上向客戶推銷專業人才的重要性，無形間會把你推薦給你不知道有專案要做的公司，取得你永遠爭取不到的案子。然而，因為他們銷售的是解決方案，不一定是在推銷你，所以取得的專案可能不適合你的專長。這些公司一般會有各式各樣的客戶，不願把任何合格的顧問拒於門外，因此就算他們接受你加入人才網，也

不代表一定會替你找到零工。

　　如果要成為仲介商眼中最合適的人選，你必須小心選擇仲介公司。有的仲介公司只適合擔任特定職務的人士，例如財務長 TO GO 公司（CFOs to Go）可能只適合財務長；有的仲介公司只協助組織中特定層級的顧問，例如臨時高階經理人協會（Association of Interim Executives）只收最資深的臨時管理顧問。此外，許多仲介公司僅瞄準區域性業務，例如麥肯利行銷在華盛頓特區營運，有的公司則是大型人力資本或人力派遣組織的分部。

　　仲介商的世界可能令人感到困惑，他們也許會把自己定位為專業人才顧問公司、人力派遣公司，或是高階的臨時人力銀行等等。真正的仲介公司明白自己同時面對兩方客戶：一方是需要專業人才的客戶，一方是找案子的顧問。由於仲介公司有如旗下顧問的行銷大軍，必須具備足夠的銷售能力與產業知識，才有辦法賣出顧問網絡提供的服務。各位是某個領域的專家，因此仲介公司不需要有跟你一樣高的專業程度，但也必須有一定的水準。各位在與每一間公司互動時，記得評估它們有多熟悉你的產業，了解它們是否有足夠的能力幫你行銷。

　　各位還需要考量以下幾點：

◆ **專業層級的案子對這家公司來講有多核心？** 仲介商的價值是有能力替你找到資深級的案子。如果只是

傳統派遣公司的分部，可能不具備這樣的能力。此外，仲介公司的支援體系與銷售獎勵制度，可能不會鼓勵行銷團隊爭取對資深顧問有利的案子。

◆ **這間仲介公司過去是否有合適你的案子？** 過去是未來的指標。如果你想接資深層級的薪資規劃設計工作，就可以找以前接過相關專案的仲介公司。

◆ **公司的組織傳統是什麼？** 多數仲介公司具備人力派遣、找尋人才或顧問背景。有顧問或找尋人才根源的公司通常傾向高階服務，較為熟悉資深層級買方的決策過程。

◆ **公司如何定義自己的服務？** 從公司的用語可以看出它們在仲介市場的定位。高階市場的仲介商專注在替客戶找出解決問題的方案，而不是盡可能增加媒合量。表 4 是公司傾向何種策略的重要指標。

◆ **公司提供你哪些服務？** 仲介產業提供各種層級的服務。有的公司在媒合、訂價、協商合約時，鮮少與顧問互動或完全零互動。其他公司則有較多互動過程。你比較喜歡哪一種？

◆ **公司有多擅長解決客戶的問題？** 每間仲介公司都有正確配對顧問與客戶專案的「祕密配方」。有的公司仰賴高度複雜、詳細描述專案細節的流程，迫使客戶釐清關鍵議題與理想目標，例如 M 平方公司便是採取

表 4 ┃ 仲介商的定位用語

高階市場的仲介商	其他
委任	工作通知單
顧問	約聘
費用	費率

這樣的做法。有的公司除了配對技能，還會考量必要的軟技能，例如洛杉磯的賽睿思高階主管公司將顧問納入旗下之前，會有個心理側寫流程。接下客戶專案後，也會以類似的方式進行側寫，利用「預測分析」（predictive analytics）*，確保雙方合作愉快。

◆ **公司的基本營運設備有多完善？** 多數的時候，各位將使用仲介公司的系統寄帳單給客戶。那個系統使用起來有多方便、完整、合適？如果你接下工作說明書專案，要藉由產出報帳，仲介商的系統做得到嗎？是否有 app 讓你輕鬆就能報告進度？如果公司有提供 app，你是否覺得重要，真的會使用？公司是否提供規範手冊並支援報帳？

◆ **你將如何收到錢？** 第 7 章會再談到相關的聘雇議題，但你一定得弄清楚雇用你的人是仲介商還是客戶，或是你屬於美國 1099 報稅制度中的「自雇工作者」。如

---

* 利用統計工具分析過去的情形與現況，預測未來的風險與狀況。

果付錢的人是仲介商，一定要了解仲介商的財務狀況是否穩定。如果你是雇員，美國法律規定必須在每次發薪週期結束後 14 天內完成薪資發放。客戶付款則可能長達 30 天、60 天，甚至是 90 天。此時仲介商必須代墊應收帳款，在客戶付款前就給你錢。

◆ **公司是否提供任何形式的福利？** 美國的「平價醫療法案」（Affordable Care Act）讓許多仲介公司無需提供健康保險。（不過「平價醫療法案」前途未卜，第 10 章會再討論。）有的仲介公司提供獨立顧問難以自行取得的福利，例如長照保險。有的仲介公司還會依據顧問的工作天數，按比例提供有薪假。各位如果打算與仲介商合作，應該了解對方提供哪些福利，考慮自己多重視那些福利。

人力市場上有許多優秀的仲介公司，值得花時間找出最能協助你打造事業的夥伴。

數位人力平台

數位人力平台是相對新近的現象，因此難以估算究竟有多少工作是透過這個管道取得。此外，多數的分析研究都納入 Uber 等共乘公司的隨選平台，以及跑腿兔等提供低技術工作的平台，因此更難估算。摩根大通在 2015 年發表備受業界重視的研究顯示，隨選勞動平台的美國工作

者參與率相當低，大約僅 0.5％。儘管如此，這項研究與其他數份研究都指出，相關平台正在穩定飛速成長，3 年間增加 10 倍。[2] 五花八門的人力平台提供各式各樣的技能，包括顧問、司機、設計師、教師與教練等等。本書的附錄 A 提供美國多間人力平台的資料，也列出精選過後的傳統仲介公司。

摩根大通的研究亦指出，隨選人力平台的參與者利用平台賺外快，因此可以把平台視為提供無法自其他管道取得的工作，不只是單純的客源。

雖然感覺上大同小異，但是數位人力平台的營運方式與傳統仲介商並不相同。最大的不同點在於你必須投資時間，耗費一番心血才能靠平台找到零工工作。

在寫這本書的過程中，我申請加入每個自己似乎符合資格的平台。附錄 B 的表格是我使用部分平台的經驗。我的感想是，不論是哪個平台，如果要得到合適的專案，一定得投資時間，部分原因與演算法有關。演算法會建議你適合專案 X，但除非你被專案 X 選中，或至少進入過候選名單，不然演算法無法確認這件事。換句話說，如果要讓系統變得更聰明，知道哪些專案適合你，首先得先讓系統取得更多數據，知道你應徵過哪些專案與應徵結果。

一旦加入平台後，你得熟悉平台的作業方式，找出哪些專案可能適合你。多數平台讓你列出適合那份專案的理

##

數據科學家平台 Experfy

Experfy 是提供數據科學家的數位人力平台,2014
年由哈佛創新實驗室(Harvard Innovation Labs)推
出。由於最近的潮流帶來數位科學家的短缺問題,使
得 Experfy 備受各方關注。2013 年的麥肯錫報告指出,
不久的未來將缺少 150 萬了解如何解釋數據的經理
人。在此同時,數據量每隔一段固定時間就會翻倍。

在媒體的大肆報導下(科技新聞網站 Tech
Crunch 經常報導),大量應徵者湧入 Experfy,足足
有 2 萬人,最後只收 3,300 人左右。Experfy 有嚴格
的應徵篩選流程,除了要看 LinkedIn 檔案介紹,還得
有 Kaggle 帳號(Kaggle 比賽是數據科學家的駭客
松),評估應徵者在各種 Kaggle 競賽中的表現。

由,有的甚至提供先前提案的範本,不必每次都替平台刊
出的專案想出不同理由。

此外,不同平台有不同的報價方式。有的平台讓你立
即提供你願意接受的價格;有的平台則採取較為繁複的流
程,需要先與買方互動了解細節,商量出合適的費用。

因為要投入大量時間,因此選擇正確的數位平台十分
重要。許多在選擇傳統仲介商時該考慮的事,也可以用在

　　Experfy 的客戶包括財星五百大企業與中型公司，通常是數據密集型產業（data intensive industries）*、零售、廣告、旅遊、電子商務產業。健康照護產業也在加入，雖然腳步有點緩慢。買方通常是創新長、數據科學長、財務分析長，行銷長與行銷部門也可能是客戶。

　　Experfy 的營運長哈普瑞特‧辛吉（Harpreet Singh）指出，Experfy 將自己定位為科技公司，而不是人力資源公司，期許自家平台替其他類型的代管分析提供更多市場平台。辛吉認為隨著自由工作潮流持續推進，將需要更多市場平台。目前的文化轉變加速這個趨勢。辛吉的確認為 Experfy 的成員將自己視為零工工作者，只不過他們是相當高薪的一群人，平均時薪 250 美元。

"

選擇數位平台上。

◆ **對這間公司來說，專業等級的事業占多大的核心？**

　　各位在評估一個平台時，要考量你的專長是否符合這個平台提供的各式服務，例如 Upwork 號稱與資

---

* 指需要使用大量數據的產業。

深顧問合作，但其實主要業務來自低階程式設計與創意領域。如果要找管理領域的重要顧問工作，我不認為 Upwork 是可靠的管道。

◆ **這個平台是否接過適合你的零工工作？** 這點有時難以確認。有的網站服務特定管理領域，例如 SpareHire 主攻金融與量化行銷分析，然而大部分的網站比較包羅萬象。不過，多數網站允許使用者瀏覽目前的接案機會。如果有案子看起來與你相關或值得留意，或許值得花時間應徵，但別忘了，這類網站最熱門的專案大多可以遠距完成，因此網站列出的零工主要是企劃書、行銷研究或產品研究、研究計畫。如果你是組織顧問，可能很難找到專案機會。營運與製造業零工的機會同樣也不多。

◆ **平台如何判定你是否具備正確專長？** 喜劇演員格魯喬・馬克思（Groucho Marx）講過，他不想參加願意收他為會員的俱樂部。你正在考慮加入的平台，還有哪些「俱樂部會員」？隨便誰都能加入？還是有某種形式的守門人？如果一個平台號稱有 5 萬名顧問，但成員大多是沒有太多資歷的低階顧問，或根本是子虛烏有，那種平台並沒有意義。雖然篩選流程可能會讓人感到麻煩，但那是高檔俱樂部的訊號，而且是你可能想要加入的平台。以下略舉幾例：

Hourly Nerd/Catalant：只收從「頂尖」學校畢業

的 MBA。

格理集團：必須接受線上保密課程。

Experfy：Kaggle 數據分析競賽必須達到一定分數。

UpCounsel：一定得是專門接特定類型案子的律師。

ExecRank：必須完成新人訓練。

　　TopTal 或許是審查流程最嚴格的例子。這個服務設計師、軟體開發工程師、財務專家等領域的平台，號稱只收前 3 % 的自由工作者。TopTal 的官網（TopTal.com）以圖 6 解釋 3%的頂尖人才從何而來。

◆ **平台如何獲利？** 平台世界依舊還在演變，因此同時有數種營運模式持續發展。平台和傳統仲介商一樣，同時面對顧問與企業兩方客戶，因此平台的獲利方式必須同時適合這兩種參與者。多數平台收取一定比例的專案費，有的平台會用一方的費用補貼另一方（向顧問收取費用，增加營收）。ExecRank 顧問平台的一方是董事會等級的顧問，另一方是新創公司，以及處於上市前的公司。被列入專家名單的顧問必須付月費。我得坦承我之所以關注這個平台是因為我有付費。不過相較於其他平台，我的確從 ExecRank 得到更為聚焦與適合我的機會。

◆ **這個平台提供哪些服務？** 有的平台提供參與者額外的服務，主要是訓練課程，例如 Experfy 數據科學家平台的參與者許多是相關領域的學術人士，因此輕

圖 6 ┃ Top Tal 篩選流程

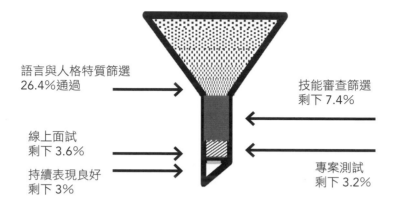

語言與人格特質篩選
26.4%通過

技能審查篩選
剩下 7.4%

線上面試
剩下 3.6%

持續表現良好
剩下 3%

專案測試
剩下 3.2%

鬆就能替平台提供線上訓練內容。有的平台提供在特定領域以某種方式得到認證的機會，例如ExecRank 顧問平台。此外，許多平台提供取得實用資源的管道，包括稅務規劃指導或協助登記為公司等等。有的平台提供部落格功能，協助你在眾多使用者之中打造個人品牌。Tongal 平台是最特別的例子，由獨立創意藝術家為客戶品牌提供放在YouTube 與廣告上的內容。過去 3 年，Tongal 舉辦有如奧斯卡獎的 Tongies 獎，展示各種創意類別底下的最佳作品，例如在 Tongal 平台上製作的長片或動畫。

別忘了，數位平台同時面對著兩方：客戶與顧問都是成員。如果是專業人才顧問公司，你可能不會立即得知客

戶身分，數位平台則通常會公開。不過創造出市集的平台公司需要保護自己的投資，因此會特別訂定規範各方關係的重要合約。

各位選擇加入電子平台時，平台要求簽署的合約與更新手機軟體的線上協議不同，不要看也不看就按下「同意」，一定要真的印出來，好好讀一讀，某些段落甚至還需要尋求法律諮詢。雖然我沒有讀過所有平台的合約，但也讀過不少，以下是幾個共通點：

1. **一般來講，你和客戶簽署的是相同文件。**事實上，多數平台都要你同意後才能應徵，因此你會同意合約內容，這也是為什麼有的人根本讀也不讀。（**別犯那個錯誤！**）

2. **平台不承擔媒合責任，都由平台上的雙方自行處理。**同樣的，平台也不保證特定顧問是否真的具備必要技能，有能力完成案子。

3. **多數平台禁止參與者在平台以外的地方私下聯絡，不能分享電子郵件或電話號碼。**例如我請 Fiverr 上的開發者替我製作網頁時，我們在平台上討論一件事。程式設計師大衛人在摩洛哥，他建議用 Skype 討論。我在回覆上打了「我的 Skype ID」幾個字，結果螢幕立刻轉紅，通知我違反了合約。不用說，平台顯然認真看待平台之外的聯絡限制。由於我的專案後來進行的並不順利，需要更多直接的溝通，我不是很喜歡這種限制。

4. **多數平台把判定顧問是員工或契約工的責任交給客戶。**但顧問自己要小心，許多客戶可能不具備正確判斷的能力，尤其是新創公司與中小型公司。如果被列為員工，必須自行留意相關的報稅與福利問題。（第 7 章會進一步討論這個議題。）

5. **合約上會大致列出付款方式。**多數要求透過平台請款，但 SpareHire 等平台現在還在研發相關功能。多數平台僅接受客戶以信用卡付費，不過部分平台正在調整模式，接受其他付款方式。主要只與超大型客戶合作的 Experfy，也接受採購單與公司支票。有時零工工作開始時，客戶便要預付款項，交由第三方保管，直至專案結束。各位如果是接長期的專案，記得要了解付費流程，看看能否配合自己的現金流需求。

6. **合約上也會規定解決爭議的流程。**如果客戶不滿意成果，可能不接受專案，也就是說，身為顧問的你可能拿不到錢。多數時候，顧問如果覺得自己應該拿到錢，可以提出異議。我就在一次命運多舛的 Fiverr 零工上發生過這種事。各位一定得了解平台要如何處理爭議，尤其是工作已經完成之後。

7. **多數合約會提到智慧財產權的歸屬問題。**第 8 章會再探討這個議題，不過如果各位所處的領域會想擁有最終的智慧財產權，平台合約不一定會允許。替我挽救網站的另一位 Fiverr 程式設計師，幫我製作專門的搜

尋引擎最佳化手冊，讓我日後可以不透過他優化部落格文章的排程。嚴格來講，那本手冊應該被視為「雇傭作品」（work for hire），版權屬於我，但對方宣告自己擁有版權。我覺得沒關係，我原本就會願意免費永久授權，允許他在其他客戶那裡使用這份文件。

找到符合專長的平台、閱讀完合約後，接下來必須申請加入。前文提過，花時間是必要的投資，但也要記得分散風險。平台的世界目前有多家競爭者，尤其是顧問平台空間，幾乎令人懷念起 2001 年時只有 5 家網路寵物食品到府服務；人人都知道，顯然不是每一個平台都能存活。《哈佛商業評論》最近一篇文章甚至指出，與其說數位平台顛覆傳統公司，不如說數位平台迫使提供類似服務但缺乏效率的對手出局。[3] 為了不把所有的雞蛋都放在同一個籃子裡，記得應徵兩至三家你最感興趣的平台。

讓數位平台帶來工作

雖然這些平台都有些許不同，不過這裡整理出一些在平台世界增加接案機會的原則。

◆ **不要漏掉網站上的任何資訊**：幾乎所有的平台都有部落格，其中至少有部分文章是寫給平台上的顧問看的，也一定會有一篇文章提到加入這個平台的最好方法。其他典型的文章包括行為準則、參考守

則、雇傭身分資訊等等。好好讀一讀,照著遊戲規
則走。

◆ **參加社團活動**:有的網站會替同產業的顧問成立專
門的社團,他們會稱這個社團為顧問網絡(advisory
network)或專家委員會(expert council)等等。即
使你不認為自己是百分之百的專家,也要加入最符
合你的專長/工作的社團。閱讀網站文章,聽其他
成員聊完成的專案,關注與專業相關的網路廣播。
有的平台甚至提供協助建立人脈的建議成員名單。
Catalant/Hourly Nerd 最 近 還 推 出 專 案 點 子 計 畫
(Project Ideas),方便成員利用這個工具打廣告,說
明自己能替客戶做的零工。理論上,平台接著會向
客戶社群推銷那些專案。Catalant/Hourly Nerd 表
示,客戶經常不曉得顧問網絡能做的事,這個新功
能就是要呈現給他們看。各位可以試一試,不過雖
然 Catalant/Hourly Nerd 接受我提升董事會治理的訓
練課程提案,但目前還沒有任何客戶有回音。

◆ **找出你的競標策略**:各位在投標時,想一想那個專
案機會有多符合你替自己打造的品牌,而且要做以
下的務實考量:

- 客戶出的錢夠多嗎?
- 我有時間嗎?能否在要求的期限內完成工作?
- 我會想替這類型的客戶工作嗎?

- 我有任何底線不能逾越嗎？（由於你是替自己工作，你不願意做違反個人原則的事，例如星期日晚上還要搭飛機出差，或是不替色情業、菸草等產業工作。）

- 當然，還有一個關鍵問題：我是否真的擁有能滿足客戶需求的正確專長與方法？不論那個零工聽起來有多酷，別接受超出能力範圍的事。有一位顧問告訴過我一句話：「你的實力，只有上一次接案工作的實力。」別接下會讓自己出糗的工作。

◆ **擬定競標計畫並執行**：有時跳下去做就對了，但不能閉著眼睛跳。在行程表中，加進每週瀏覽一次專案清單，設定你會考量多少專案。這種做法同樣比較適合市場研究或策略顧問，因為這類專案在平台上較受歡迎。儘管如此，策略顧問依舊可以設定每週投標 3 個專案的目標。多數平台會提供相關資訊，包括某項零工機會將開放多長時間、競爭者有多少人。由於各位會選擇加入兩至三個平台，所以可以追蹤每一個平台帶來的工作，並進行比較：

- 你的面試率（面試數量／投標數量）
- 成功率（拿到的零工數量／投標數量）
- 平台提供多少服務：我是否得知投標結果（被別人奪下），或者音訊全無，不曉得專案最終是由誰拿走、自己的提案被如何處理？

比較相關資訊後，再判斷哪個平台才是讓事業成長的正確管道。

要點回顧

◆ 你需要靠直接銷售展開事業，也可以利用傳統仲介商，或是參與數位平台，助自己一臂之力。

◆ 市場上有大量的仲介商，包括傳統仲介商與數位仲介商。你必須篩選，了解哪家公司最能協助你拓展業務。

◆ 傳統仲介商會推銷顧問服務，爭取你可能無法靠自己拿下的專案。

◆ 加入數位平台後，你需要投入時間才可能爭取到工作。記得訂出績效指標，評估最適合自己的平台。

◆ 數位平台或許最適合不進辦公室、分工合作型專案的行銷與策略顧問。

「如果你無法簡單解釋，代表了解得不夠透徹。」
——亞伯特・愛因斯坦（Albert Einstein）

第 7 章

聘雇的
法規問題

追根究柢，一切都和稅有關。不論你是財星五百大企業的經理人、獨立公關顧問、數位平台程式設計師，還是水電工，美國人要繳聯邦稅，經常還得繳各州的所得稅。至於上繳國庫的方式，要看我們的收入來自何種管道，工作時屬於何種聘雇身分，也難怪政府高度在意你究竟是不是員工。凡是希望順利參與零工經濟的人士，一定得了解美國的雇用制度，尤其是獨立外包人員與員工的區別。此外，也得留意可能違反薪資與工時法規的問題。

各位如果是人資、勞動法律師、已經和相關議題纏鬥過的財務長，可以直接跳到下一章。如果有在追蹤 Uber 的獨立外包人員訴訟，想多了解這個主題，可以繼續閱讀，其中有許多必須考量的細節。目前陪審團尚未做出決定，因此在一頭鑽進勞動法規的細節之前，我們先從過去幾年最受矚目的雇傭訴訟看起：Uber 司機究竟算員工還是契約工。

Uber 司機是員工，還是契約工？

Uber 目前面臨的窘境，在於 Uber 司機究竟算獨立外包人員，還是員工。這是零工經濟世界的重大事件，喚醒人們對於工作者身分議題的重視，有可能替美國職場長期存在的問題找出一些解決方案。獨立外包人員的法規遵循問題絕不是新議題，只不過最近最萬眾矚目的獨角獸公司 Uber 的訴訟，引發大量相關討論。

我比多數人關心這個案件，因為我親身碰過相同問題，只不過規模沒那麼龐大。Uber 的訴訟首度登上新聞時，我的前財務長甚至遠從多倫多打電話過來敘舊，暢談當年一起打過的法規遵循戰爭。我們感到不可思議，許多民眾與媒體似乎把 Uber 碰上的麻煩當成新現象，然而事實上美國獨立外包人員的法規遵循，長久以來都是一大問題。

　　我第一次打雇傭訴訟是在 1990 年，已經超過 25 年了。（剛才說了，這個問題很久了！）當時某位獨立外包人員號稱是我們的員工，想申請失業金。按照定義來看，獨立外包人員不是員工，沒繳失業稅，因此無權領取州政府的失業給付。獨立外包人員年底報稅時，拿到的不是W2 薪資報稅單，而是 1099 報稅單。這就是為什麼相關議題通常被稱為 1099 vs. W2 爭議。

　　我們最後能打贏訴訟，原因與我們使用的文字有關。用語很重要，我們的文件與合約上寫著將顧問工作「委任」（engaging）給那位和我們打官司的顧問，而不是「雇用」（hiring）。此外，我們也註明只要他能如期完成專案，他可以將工作發包給其他人，自由安排時間。這些關鍵的合約條款證實我們是請對方擔任獨立顧問。此外，我們和客戶使用的文字，和我們與顧問使用的文字是一樣的，清楚描述在包工流程中或監督專案時，我們扮演與不扮演的角色。我們後來又打贏三場訴訟，雖然有完美結局，但依舊耗費額外心力，增加營運成本。

1993 年時，我們留意到許多科技客戶開始關切獨立外包人員的雇用問題，顯然可以靠獨立工作者完成的零工被取消，例如顧問到最終的簡報前都不必進客戶辦公室的市場調查。背後的原因是財務長與法務長判定相關的法規遵循風險太大。這個市場的風險規避行為帶來了創業機會。我得想辦法讓客戶購買我的顧問網絡提供的服務，因此我成立新公司 Collabrus，消弭客戶會碰上的獨立外包人員 vs. 員工的風險。

　　Collabrus 和我先前創辦的 M 平方公司一樣，配合新型的工作模式，在工作性質或客戶的風險取向（risk profile）* 會讓顧問被認定為員工時，幫助在專案期間擔任顧問的雇主，提供專為顧問設計的福利，例如低成本的錯誤疏漏責任險（errors and omissions insurance, E&O）。我為了成立與經營 Collabrus，被迫學到大量的獨立外包人員法規遵循知識，因此對 Uber 的訴訟很感興趣。

　　我要先在這裡說明我不是律師，只是知道很多東西的觀察者。我認為 Uber 的訴訟案可能出現兩種結果。如此模稜兩可的原因，在於法律並未定義什麼是「獨立外包人員」。美國今日的勞動法有許多源自可一路追溯至 14 世紀的英國「主僕法」（master servant laws）。當初之所以會有相關立法，原因是黑死病造成大量人口死亡；由於死了太

---

* 組織願意承擔風險的程度。

多人，不得不靠法律定義還倖存的人民中，誰是主人、誰是僕人。由於 14 世紀還沒有獨立外包人員的概念，因此雖然我們全都知道這個世界早已從封臣與農奴的年代有了翻天覆地的變化，但現代有些勞動法規依舊活在中古世紀。

（諷刺的是，英文的「自由工作者」〔freelancer〕這個詞源自中古世紀的傭兵騎士。傭兵不對任何國王表達忠誠，他們是受雇的戰士，最受歡迎的武器是長矛〔lance〕，所以他們是可以自由提供長矛的人〔free lance〕，不過我不認同這種說法……）

雖然有的州有相關規定，但是由於美國的法律並未明確定義獨立外包人員，所以判定式是同時考量「代理法」（agency law）＊ 及其他參考事項。美國國稅局將最常見的架構整理成「20 條標準」（20 Points）來定義獨立外包人員。這是普通法 ＊＊ 的檢驗法。相關的判斷標準包括當事人是否使用自己的工具、有能力承擔財務損失、是否受過訓練等等，但問題在於，不必符合全部的條件才是獨立外包人員，而且某些條件的重要性高過其他條件，因此誰是獨立外包人員、誰是員工，定義相當模糊。

＊ 與合約法相關的法規，替委託人做事者為代理人。
＊＊ 特點是參考判決先例。

　　國稅局為了方便雇主與工作者判別雇傭身分,將「20條標準」分成行為控管(behavioral control)、財務控管(financial control)與雙方關係(the relationship of the parties)三大類,但依舊未說明哪一類的重要性較高,也未表示哪一條將自動判定雙方為雇傭或契約工關係。由於相關標準可能看似太不證自明,國稅局還在相關文件加上一切僅供參考的警語:「國稅局在此提醒,除了1987年的20條標準,其他因素亦可能納入考量。各條件的比重將視情況而定,相關因素可能隨時間變化,所有實際情況皆須納入斟酌事項。」[1]表5列出這20條標準。

　　過去20年來,企業在管理獨立外包人員的方向與掌控上,把這20條視為最重要的考量。

　　好,讓我們來看Uber司機的情形。對Uber有利的是公司並未訓練司機,司機加入Uber時已經知道如何開車。Uber或許會確認駕駛紀錄良好,但這不被視為訓練或指導。此外,司機可以自行決定工作時間,對Uber來講也是有利的證據,減少公司掌控的感覺。事實上,許多司機都以兼職的方式加入(不到10小時),這對Uber也有加分。然而,考量科技因素後,情況又很難說。Uber發iPhone給司機,方便他們聯絡叫車平台,因此Uber提供某種程度的工具。或許最大的問題,如同行政法官(Administrative Law Judge)＊在2015年的判決中指出,他認定某位南加州司機是員工的原因,在於Uber替每一趟的

表 5 ┃ 獨立外包人員的 20 條標準

國稅局的
20 條標準 ⟶ 分為
3 類型考量

#1

行為控管

1. 是否下達工作指示？
2. 是否受過訓練？
3. 對公司的成功是否是關鍵？
4. 那個工作一定得親自做嗎？
5. 是否有固定工作時數？
6. 需要全職嗎？
7. 是否在公司所在地執行工作？
8. 是否有固定行程或必備流程？
9. 是否需要回報工作？

#2

財務控管

10. 你是否雇用或擁有有薪的助手？
11. 工資是按時、按週或按月計算？
12. 支出能否報帳？
13. 是否提供必要的工具或材料？
14. 是否有投資工作者使用的設備？
15. 工作者是否會因專案而有獲利或
　　虧損？

#3

雙方關係

16. 你與工作者間的關係是否持續？
17. 那個人是否為其他人提供服務？
18. 那個工作者提供給外界的服務是否有所限制？
19. 你是否有權開除那個人？
20. 那個人能否隨時中止服務？

車程訂價，因此對司機有高度控制權。[2]

目前為止的三起 Uber 法庭案件中，兩件在加州，一件在佛羅里達。三起訴訟都將司機視為員工，但每個判決又各有差異，因此很難歸納出結論，不容易判斷相關判決先例哪個比較重要。

如果 Uber 曠日費時的訴訟真有最終判決的一天，我猜結果不會有一致的判決。對於全職而且只替 Uber 一家公司工作的司機來說（許多司機同時也替 Lyft 等其他叫車服務工作），Uber 可能會被視為雇主。至於多數司機則是把 Uber 的工作當成補貼家用的工具，對老師、裝潢工人或音樂工作者來講，這是在賺外快。我的非正式調查顯示，絕大多數屬於這種情形，這樣的話，判決結果可能傾向於視 Uber 司機為獨立外包人員。我覺得這是公平的結果，有的司機是員工，有的不是。沒有一致的判決可以保障工作者的需求，又能讓新的商業模式增加就業，使各界人士取得增加收入的管道。

很可惜，情況目前愈來愈混亂，Uber 司機最近在英國打贏有薪假與最低薪資的訴訟，但這場官司還在上訴。我不清楚英國的判決結果是否將影響美國的訴訟。以美國案件的其他發展態勢而言，一個適用範圍包括所有認為自己

---

* 美國主持行政聽證的政府官員。

應被視為 Uber 員工的司機集體訴訟最近達成和解，Uber
同意支付 1 億美元，但法官拒絕接受，判定賠償金額不
足。該判決下來不久後，另一起法庭訴訟要求相關爭議必
須交付仲裁處理，有可能限制未來提起 Uber 集體訴訟的
可能性。[3] 這對 Uber 來講大概是好消息，相反的判決結果
將帶來十分驚人的成本；有人估計要是 Uber 打輸這場訴
訟，會有 41 億美元的額外成本[4]，對模糊的美國聘雇身分
法規來講是壞消息。或許因為 Uber 這樣備受矚目的案
件，可以使模糊的相關議題獲得釐清。

　　不過，讓我們回到更為常見的狀況。我是獨立顧問，
我究竟算不算員工？為什麼我要在意這件事？

你是獨立外包人員，還是員工？

　　許多大型科技龍頭與金融服務公司在勞動法規遵循議
題上開始趨避風險，而且投資在人資管理策略，以求降低
風險。有的公司採取十分基本的方法，直接規定所有的專
案工作者都不能是領取 1099 報稅單的人員（獨立外包人
員）。這類公司由於不願雇用彈性人才為員工，所以要求
所有獨立工作者的酬勞由第三方供應商負責支付。

　　過去 20 年來，人力派遣公司因此建立起「主要供應
商」（master vendor）帝國，替企業管理暫時性與臨時性的
人力招募。原本所得一般列為領取 1099 報稅單的個人，

成為供應商管理服務（vendor management service, VMS）
界的臨時雇員。供應商管理服務成為企業靠減少採購成本
來增加競爭力的方法。背後的概念是公司藉由減少合作的
供應商數目，減化採購流程，增加效率。供應商管理服務
的提供者整合帳單、管理優先供應商名單、縮減專案人力
配置時間、替不同類型的專業人才設定固定費用或費率。
供應商管理服務提供者的報酬是總承包金額的一定比例，
因此在供應商管理服務的環境下接案時，不論是初階程式
設計師或資深傳播顧問，臨時雇員拿到的最終費用一般都
比直接接案來得少。

並不清楚供應商管理服務模式能否改善企業效率，但
這個領域的產業專家亞伯丁研究公司（Aberdeen Research）
表示，使用供應商管理服務系統的企業中，僅17％支出下
降或雇用效率增加。儘管效果不彰，72％以上的美國企業
在管理約聘勞工與採購專業服務時，依舊採取供應商管理
服務程序。[5] 這個議題一度對科技人才產生很大的影響，
今日則可能影響各行各業的專業服務提供者。

各位必須先了解遊戲規則，才能做好準備。一旦知道
有哪些規則後，重點是了解自己將如何受到影響。

判定雇傭身分的三大類指標是行為控管、財務控管、
雙方關係。行為控管與工作如何完成有關。工作者是否需
要接受訓練？一定得在現場工作嗎？今日隨處都可能是辦
公地點，但某些工作依舊高度要求保密，所有的工作都必

須在公司所在地完成。如果你的客戶指定工作條件、工作時數、工作地點、工作方法，或是需要受訓，那這份零工看起來像是被聘雇的情況。

雖然許多顧問有較大的工作彈性，但財務考量上就比較棘手。多數顧問按照工作時數收費，而在監理單位眼中，按時數收費代表你是員工。為什麼會計與律師可以按時數收費，組織裡的顧問卻會有問題？原因是前者必須有證照才能執業，例如取得律師執業許可或註冊會計師的身分。此外，時薪架構也可能帶來薪資與工作時數問題，本章後面會再探討這件事。由於法律上的認定問題，雖然訂出以專案計費的價格難度較高，但從勞動法攻防戰的角度來看，專案費是較為站得住腳的費用架構。

最後，雙方關係主要是看你是否還有其他客戶。如果你希望以獨立顧問的形式執業，最好不要只服務一家公司。即便合約明確記載是以獨立承包形式替客戶工作，看似清楚說明雙方關係，不一定管用。不過，在我多次經歷的勞動訴訟中，有一次我很得意。法官看著宣稱是我的員工的顧問，問他：「你讀了簽下的合約嗎？」對方沒說話，八成是沒有。

📖 身為獨立外包人員的考量

從美國法規中營業人（business entity）的角度來看，

獨立顧問業務能以多種方式經營。許多（可能是絕大多數）的獨立工作者採取獨資經營（sole proprietorship），只替自己做生意。有的獨資經營業主會在報刊上公告自己的「經營別稱」，也就是宣布自己將以「陳某某顧問」的名義提供服務，但依舊以個人稅的形式申報所得與支出。有人則選擇成立 S 公司（S Corp），這種公司架構需要承擔有限的法律責任，但依舊以個人所得的形式報稅。也有人選擇成立完整的 C 公司（C Corp），成為自己的公司雇員，享受稅務優惠，但也會碰上雙重課稅的重大缺點：C 公司的獲利首先要繳所得稅，接著以股利分給業主（owner）的收入也要課稅。

不論各位採取哪一種營業架構，對究竟是員工還是獨立外包人員的議題來講，其實不是太重要，最後的判定要看每一次的工作細節。不過話又說回來，選擇成立公司的顧問，宣稱自己領取 1099 報稅單上比較站得住腳。顧問如果自己有公司，有的客戶甚至只考慮以開出 1099 報稅單的方式付費。

各位如果希望以獨立外包人員的身分執業，又不想成立公司，以下是幾個能替捍衛自己處境的小訣竅：

◆ **永遠要有一個以上的客戶。**從執業行為判斷時，提供服務給大眾可以幫助你定義自己是企業家，而非員工。

◆ **同樣的，擁有專屬的事業名稱，以及投資辦公室空間、專屬的行銷網站等等，也能證明你歡迎所有人成為客戶。**

◆ **此外，要掌控自己的工作條件，不要讓客戶規定你的工作時數。** 別忘了，客戶找你，為的是得到理想的結果。至於你會怎麼做，這都要由你和你的專長決定。

◆ **小心客戶發給你的通行證沒有寫清楚你是訪客。** 同理，最好避免參加一般為員工舉辦的辦公室同樂會。俗話說的好，如果有一隻動物走路像鴨子，叫聲像鴨子，那鐵定是一隻鴨子。

另　方面，有的顧問案很難主張是獨立工作，例如超過 6 個月的長期專案。此外，你握有聘雇與解雇權的專案，或是你暫代職務，也容易被視為授予一般由受雇者處理的責任。萬一你和公司員工就在相鄰的辦公室裡，做著一樣的工作，看起來也相當可疑。再提醒一遍，即便你希望被視為以領取 1099 報稅單的方式獲得酬勞的獨立人士，最終都是由工作性質決定你的身分。

各位執業時，不論採取什麼樣的事業架構，皆能以領取 1099 報稅單的方式獲得酬勞。萬一被告知你必須要是員工時，你有幾個選項：

◆ **你可以研究設立公司能否解決問題。** 考量這個選項

時，一定要先請教財務或稅務顧問。

◆ **你可以成為客戶的臨時員工。**有的公司接受這種做法，但許多不接受。有的公司可能會請你找他們平日合作的主要供應商，要求你成為那個供應商的員工。

◆ **你可以替自己找雇主。**

身為員工的考量

　　過去 10 年來，雇主夥伴公司（employer partner）成為新型市場利基。有的夥伴來自派遣服務，其他則來自人力公司，滿足以合法方式使獨立外包人員能在企業工作的需求。以我成立的 Collabrus 公司與 MBO 夥伴公司為例，這類公司在零工期間雇用顧問。客戶付款給 MBO 夥伴公司，MBO 夥伴公司再付薪水給身為員工的你。你在年底會收到 W2 報稅單，而不是 1099 報稅單。1099 報稅單上的顧問費是全額拿到，但被聘雇的顧問拿到的費用還要扣除所得稅與就業稅（employment tax）。

　　多數的雇主夥伴公司非常熟悉今日相當普遍的主要供應商服務架構，努力向大量使用顧問的企業爭取成為優先合作承包商。各位如果希望與這類握有主要供應商合作關係的公司簽約，首先要確認自己選擇成為員工的公司是否

已經列為合格名單。

從某些方面來講，成為員工對顧問來講有好處，因為自雇工作者必須自行全額負擔「聯邦保險稅責法案」（FICA）中的就業稅，也就是所得的 15.3％要繳稅。如果是員工，雇主則會替你負擔一半，而且享有勞保和失業保險。此外，許多雇主夥伴公司還提供額外的福利，例如401K 退休方案、短期失能險、健康保險等等。

各位如果成為員工，平日又不熟悉那樣的營運模式，別忘了以下的額外考量：

◆ **你放棄獨立身分成為員工後，在法律上就享有員工的權益。** 例如在發薪週期結束後 14 天內拿到薪水。此外，也要留意雇員身分不代表自動享有有薪假期或有薪病假，這類福利為公司自願性提供的福利，而非法定福利。

◆ **錢要算清楚。** 身為員工時，你付的就業稅比較低，許多公司甚至會因為你不必負擔的 7.65％成本，試圖砍你的收費。你或許可以答應，但別忘了預扣所得稅也會使你的現金流變少。不過另一方面，你每季不必再請會計師報稅，或許可以省錢。

◆ **隨時留意最新的政策發展。** Uber 訴訟備受矚目的原因，在於牽涉相關領域的法律。事情在未來 5 年可能會有變化。

能不能領加班費？

　　各位如果考慮以員工身分擔任顧問，最後還要考量薪資與工作時數。美國的薪資法與工作時數由「公平勞動標準法」（Fair Labor Standards Acts, FSLA）規範，包括最低薪資、兒童保護法、加班規定等等。

　　加班的規定在過去 5 年受到嚴格檢視。美國之前把工作分為免除支付加班費（exempt）與無法免除支付加班費（non-exempt）兩種。白領工作者與經理人被認為可以免除支付加班費，而免除支付加班費的工作者薪水門檻是年薪高於 23,666 美元的人（美國政府不喜歡整數）。多數的顧問工作較類似管理職工作，因此如果不符合薪資與工作時數法規，在過去似乎不成問題，但世界正在改變。

　　最近的討論指出，一般被視為免除支付加班費的零售店經理，實際上應該有權領取加班費。普華永道會計事務所 2015 年碰上的訴訟是尚未通過註冊會計師考試的初階會計師要求領取加班費。[6] 此外，歐巴馬（Barack Obama）政府在 2016 年把符合加班費資格的各類型工作薪資門檻放寬至 47,476 美元（我永遠不懂政府為什麼不採 47,500美元這種整數……），不過許多觀察家預期川普（Donald Trump）政府會廢止這條法令。

　　美國法規對於是否屬於要支付加班費的員工判定，和

員工身分的定義一樣有很大的灰色地帶。除了薪水發放方式，也要看日常負責的職責性質，以及對保障公司業務不中斷的重要性。

監理單位特別留意員工領取薪資的方式。時薪在政府眼中是判斷不需要付加班費身分的依據。你可以主張付顧問 60 美元的時薪，顯然使他們屬於不必付加班費的工作者，因為那樣算起來年薪約達 12 萬美元。然而，只為了為期 3 個月的零工付費給那個顧問的話，等於付給一般員工的 28,800 美元。有的公司則是先付顧問員工最低免加班費的薪資門檻，再依據產出來計算獎金，補足費用不足的部分。

儘管如此，許多顧問擔心自己完成的工作可能被視為不用付加班費的工作，因此不願意和雇主或客戶商量這個問題。

說到底，這方面的法規有模糊地帶。身為員工的你有權領加班費，即便你只是按照約定時間進公司完成專案的顧問。

勞動法的奇妙世界永不無聊。

🗂 最後叮嚀

多數的數位人力平台在獨立外包人員法規遵循上採取

被動姿態，合約中規定由客戶來決定工作者是員工或契約工。這種做法有時完全恰當，例如我在 Fiverr 上找到的網站設計師，接的顯然是短期零工，除了我之外還有其他許多客戶。然而，如果平台要發展成接受明顯長期的案子時，情況可能就不一樣。

不過更重要的是，使用平台的小型公司通常沒有意識到勞動法規的細節，可能請數名顧問和員工一起做同樣的工作。微軟曾在 1990 年代輸掉一起大型訴訟，敗訴原因正是雇用契約工做和員工一樣的事。這種做法是在給自己帶來麻煩。許多經理人不論經驗豐不豐富，並未考量到法規上工作者身分判定的控制面向。有心把工作做好而進行一定程度的工作監督，可能被視為是在命令員工，因此經理人的監督會使專案看似雇傭工作。類似的狀況還包括有的新創公司沒意識到讓外部人員每週工作 60 小時可能就該付加班費，即便那些人員是顧問。

因為客戶可能不熟悉本章提到的問題，各位要很清楚，以正確方式執業，責任自負。

📖 要點回顧

◆ 獨立外包人員與員工的法規遵循在美國是重要議題。

◆ 美國國稅局依據 20 條標準，判斷個人為獨立外包人

員或員工，但究竟該如何判定、哪一條標準比較重要，沒有一定的原則，這帶來極大的模糊空間。

◆ 行為控管、財務控管、雙方關係是判斷員工身分的關鍵依據。

◆ 成立公司的顧問，最不必擔心領取 W2 與 1099 報稅單所產生的報稅問題。

◆ 顧問可以成為員工，受雇於提供薪資發放服務及其他福利的公司。

◆ 以員工身分受雇的顧問，有時適用加班費規定，因此應該留意相關法規。

「你必須不斷提升自己的事業，否則會被市場淘汰。」
——富比士（B. C. Forbes）

第 8 章

自由工作者的
員工體驗

「員工體驗」（employee experience）是職場的新術語。隨著搶人才大戰不斷上演，愈來愈多企業體認到應該提供讓人想工作的環境。許多獨立工作者離開辦公室，正是因為員工體驗使他們無法加入。美國企業重視人才荒的問題，研究人員與人資經理正前所未有的試圖了解最佳工作環境的要素，想知道是什麼會讓人想留在公司的環境裡。這實在是很諷刺，不過我認為員工體驗研究帶來的洞見，也可以應用在獨立工作上。

工作大未來社群（Future of Work Community）是全球性的資深企業領袖智庫。共同創辦人與未來學家雅各布・摩根（Jacob Morgan）是員工體驗領域的專家，專門研究職場變化情形，探索相關改變如何影響全球人士。（摩根還製作播客節目〈工作大未來〉，非常值得一聽）。摩根就員工體驗這個主題，在 2017 年春季出版《員工體驗優勢》（*The Employee Experience Advantage: How to Win the War for Talent by Giving Employees the Workspaces They Want, The Tools They Need, and a Culture They Can Celebrate*），分析 250 多個全球組織，找出如何打造讓人真心想要上班、不只是被迫工作的公司。我問摩根，他在做研究時，是否想過一人公司的情形，他回答：「獨立工作者的情況相當不一樣，你得靠自己打造體驗，而不是由組織來打造，但好消息是你究竟關心或重視哪些事，沒人比你更清楚！」[1]

摩根建議獨立工作者應該考量：完成工作所需的工具、帶來最佳績效的工作環境和公司文化。下面就依據摩根的建議，對每個面向加以討論。

生財工具

　　不論各位專精哪個領域，從事獨立顧問工作一定需要某些「工具」來增加經營效率，其中最重要的是合約架構與財務結構。其他輔助工具還包括訓練發展計畫、行銷計畫、技術政策等等。

合約與風險架構

　　一個人山公司雇用時，不論是擔任銷售員、財務長或櫃檯，通常會拿到說明職務細節的錄取通知信，上面列出薪資、福利、工作時數、上班起始日、上層主管。顧問案也需要列出相同的細節，不過別忘了，此時雙方的關係與聘雇關係完全不同。第 7 章提過，勞動法源自主僕關係，公司是主人，員工是僕人。

　　不論是擔任網頁設計師或臨時財務長，顧問專案是以相當不同的前提來執行工作，和客戶之間為對等的互動。工作流程結束後，雙方皆有明確收穫；客戶得到想要的成果，顧問拿到費用。理論上，雇傭關係中也有這樣的互惠

存在，但那是一種並未載明的關係。

　　此外，如果是合約工作，萬一沒有達到理想的結果，客戶可以拒絕付費，因為相關的法律基礎是契約法，而非勞動法。那也是為什麼簽訂顧問合約時，定義履約與非履約的推斷方式是關鍵。各位如果感到一頭霧水，打個比方來講，如果你請某個契約工幫家中每個房間漆油漆，如果他沒有漆廚房，你可以拒絕付款。如果廚房漆得很糟（例如只漆了三面牆），你也可以拒絕付款，因為你沒有得到合約上說好的結果。顧問合約也差不多。

　　儘管如此，獨立工作者的合約不一定要冗長又複雜，一切要看你的專業領域而定，合約也可能相當簡單。各位可以採取信函的形式，納入業務需要的關鍵條款。你通常也可以直接簽客戶提供的合約，此時你需要知道自己願意接受哪些條款、哪些則需要協商，另外要加上哪些條件。不必試著把所有你要的條文都加上去，挑最重要的幾項就好。此外，你也需要了解客戶附加條款的意涵。有些風險你或許願意承擔，有的則可以靠保險分攤。本節最後會再討論這個主題。

　　最後，你也可能有高風險承受度，有能力承擔客戶帶來的所有風險。那也是為什麼我稱這個工具為「合約架構」，關鍵是找出工作中天生具備哪些面向的風險，判斷哪些有辦法承受、哪些沒辦法。了解自己可能碰上的風險後，就有辦法擬定信函／契約，以及承保範圍，替自己取

得適當程度的保障。

以上提到許多有關合約與風險的事，不過各位如果決定替 MBO 夥伴公司等第三方雇主工作，公司會替你解決許多相關問題，本節的最後會回頭談這個選項。

常見條款

各位在擬定合約架構時，可以考量以下事項：

◆ **工作範疇協議**：一定要和客戶談妥專案包括與不包括的事項，例如以最基本的例子來講，如果是要提供客戶建議，一定要協商好採取什麼形式。客戶如果以為會得到一份 30 頁的報告，結果拿到 10 張投影片，他可能覺得你並未履約。雙方應該以白紙黑字談好下列條件：

- 客戶同意替這次專案提供的資源。
- 時間表。
- 期中報告與產出。
- 結案方式。

◆ **費用與付費條款**：決定好專案費用後，關鍵的合約討論事項是時程。如果客戶遲付費用，是否收取逾時費？有寬限期嗎？如果專案是以完成比例來付費，你必須訂出數字。

此外，合約應該明定哪些費用可以報帳。這對需要替專案大量出差的顧問尤其重要。如果你經常需要搭乘 5 小時的飛機，搭機時間是否算進付費時間？一般來講，至少要有 50％的交通時間可以報工作時數，尤其是如果你有辦法在飛機上工作的話。

此外，也應該明定哪些類型的旅館費用可以報帳、客戶願意讓你住在哪種等級的飯店，例如萬怡飯店（Courtyard Marriott）也許可以，但四季飯店（Four Seasons）不行。M 平方公司曾經在南非做過幾個專案，每次都花 9 個月以上，因此需要商議更多出差條件。除了標準的出差與住宿細節，我們還商議在專案期間可以回美國幾次。專案開始前，就要儘量列出各種預想得到的支出，減少日後和客戶起爭議的風險。

◆ **雙方關係：** 各位如果以獨立外包人員的身分承攬專案，合約應該載明這件事。前一章提過，美國獨立外包人員法規遵循的定義模糊不清，但明白指出自己希望擔任獨立外包人員沒有壞處。你應該明確聲明你身為獨立外包人員，了解自己不享有失業給付、勞工賠償，以及其他員工通常享有的福利。你可能也得聲明自己詳閱過必要的承保範圍，選擇取得或不取得必要方案。本節的結尾會再多談一點細節。

其他合約議題

剛才提到的議題，用委任書就能輕鬆解決，最好要雙方簽字核可。如果有好幾頁文件，每一頁都要加上正楷英文姓名縮寫。

最資深的顧問工作通常需要明定較為詳細的條款，以下是常見的契約項目，但也可以採取委任書等較為非正式的文件。

◆ **智慧財產權**：智慧財產權在顧問合約中愈來愈重要。依據「雇傭作品」（work for hire）法規來看，員工的工作成果屬於雇主。如果是獨立工作者，除非另有規定，你的工作成果屬於你。

許多客戶會要求顧問放棄智慧財產權，方法是載明專案為雇傭作品即可。各位也可以特別聲明將所有權全數讓渡給客戶。此外，你也可以藉由收費或免費提供永久使用的授權，允許客戶分享發明的成果。

有的客戶對於智慧財產權法的解釋更為嚴格。有的公司（尤其是娛樂產業公司）會加上「著作人格權」條款，也就是除了要求契約工放棄所有權，也得放棄對某個「概念」的著作人格權。我們在幫迪士尼（Disney）工作時就碰上這種情形。我還記得

我被要求放棄著作人格權時，有點嚇一跳。（不過話
又說回來，法律上許多事情也令我訝異，包括獨立
外包人員的定義。）我的律師解釋，放棄著作人格
權的意思是如果顧問覺得在米奇身上放鬍子是好
事，那個點子有可能真的大受歡迎，營收可能會因
為那個點子的商品化而增加，但由於迪士尼擁有米
奇，不論當初是誰想出鬍子的點子，迪士尼擁有那
個角色的所有肖像權，因此迪士尼要求供應商放棄
著作人格權。各位如果是負責提供點子的一方，有
可能碰上這個問題，此時一定要請教律師，弄清楚
相關著作人格權條款的意涵。

◆ **保密協定**：與智慧財產權條款息息相關的是保密協
議，一般簡稱 NDA。許多科技公司要求管理層級的
員工或契約工簽署保密協議，例如我替這本書做研
究時，光是為了進入 LinkedIn 總部，就得簽下保密
協議。

保密協議要求簽約人不得向公司以外的任何人
透露機密資訊、商業機密、專利。許多人不重視保
密協議，原因是他們感覺那是無法強制執行的合
約，尤其是加州。有時確實如此，但完善的保密協
議具有強大保護力。如果客戶能證明你意圖違反協
議，可以提起禁令性救濟（injunctive relief）與損害
賠償，甚至要求你負責他們損失的利益。

　　各位簽保密協議時，風險要看你了解的哪些內容屬於協議保護對象，也一定要弄清楚哪些事項被視為機密資訊，以免不小心違反條款。舉例來說，客戶名單經常被視為商業機密，因此對熟悉特定產業的人士來講，協議保護的範圍可能包括你從其他地方知道的事。此時你應該和客戶攜手合作，縮減合約範圍，或添加不受保護的排除事項，確保自己不會無意間違約。

◆ **損害賠償與爭議**：許多顧問會納入損害賠償條款，在發生最糟的情況時保護自己。最理想的損害賠償協議是雙向的，規定你何時免於承擔客戶要求的賠償責任，客戶何時免於承擔你要求的賠償責任。擬定相關條款時，最好尋求法律協助，至少要由精通合約的律師審閱過。

　　與賠償相關的是如何解決爭議的條款。因為沒有人想上法庭，所以一般的處理方式是仲裁與調解，但不論是仲裁或調解，一定要規定有限度的蒐證程序（limited discovery），尤其簽的是客戶準備的合約。蒐證程序曠日費時，在司法程序中是相當耗費財力的一環。蒐證可能採取訪談或口供證詞的形式，這個步驟會耗費大量金錢，原因是雙方的律師都需要在場。如果是無限的蒐證程序，即便要求以仲裁取代訴訟，也無法將你的財務風險縮限在一定

的範圍內。再次提醒，如果有疑慮，請事先請教律師，避免日後需要他們的服務。

調解是另一種解決爭議的選項。我總是告訴我的人資學生，調解基本上是在用錢解決問題，請訓練有素的調解人員協助處理金錢糾紛。在仲裁或調解的過程中，證據與誰是對的可能不重要。這不是我最喜歡的爭議解決法，但這大概是最省成本的方法，尤其是對獨立工作者來講。

各位不妨記住律師告訴我的話：合約是活的。你和客戶協商不同事項時，可能會發現需要重新審議的漏洞或條款，最好每隔幾年就修訂一次合約。

自由工作者工會（Freelancer's Union）提供合約產生器，方便個人設計量身訂作合約。這個工具是由自由工作的程式設計師研發，並由自由工作的律師審核準確度。

承保範圍

不論商議什麼合約，關鍵都是了解合約能減少的風險，依據你的風險管理承受度做調整。儘管如此，有的風險可以交給保險處理，例如要是你有保錯誤疏漏責任險（Errors and Omissions，E&O），合約可能就不需要訂定損害賠償條款。錯誤疏漏責任險又稱為專業責任保險

（professional liability insurance）。錯誤疏漏責任險對顧問的重要性，就像醫療糾紛險對醫師的重要性一樣。顧問與醫師都無意犯錯，但發生不幸事件時可以承擔責任。錯誤疏漏責任險一般有兩種：以索賠為基礎的保單，或是以事故發生為基礎的保單。以索賠為基礎的保單費用較低廉，但必須在發生求償事件前就投保。以事故發生為基礎的錯誤疏漏責任險涵蓋範圍較廣，也較為昂貴。有的顧問會選擇性替重大專案購買以事故為基礎的保險，也就是即便索賠機率低、一旦發生將嚴重影響財務的專案。

　　有的客戶公司會要求所有的供應商都必須投保錯誤疏漏責任險在內的各式保險，不論是否為獨立工作者皆然。如果專案會用上車輛，公司通常會要求保汽車險，各位可以輕鬆在原本就有的個人汽車險保單額外加保。別忘了將額外的保費成本加進營業費用。

　　比較麻煩的是為工作場所受傷提供保障的勞工賠償保險。如果你在工作地點因為協助將印表機從 A 處移至 B 處而受傷，那屬於勞工賠償的範圍。不過更重要的是，如果你在家裡的辦公室做客戶的專案，因而得到腕隧道症候群，你依舊可以向客戶要求勞工賠償。那也是為什麼許多公司希望顧問有勞工賠償保險，任何相關的索賠都與公司無關。

　　然而，各位開的如果是一人公司，法律不要求加入勞工賠償險；美國許多州允許一人公司不必加入強制性的勞

工賠償計畫,因此得煩惱加保問題。

你可以委託專業夥伴處理聘雇與合約事宜。MBO 夥伴公司與 TalentWave 等公司提供多種顧問需要的服務。(第 9 章會進一步討論這個選項。)客戶要是不肯在勞工賠償保險上讓步,透過顧問就業平台接案或許是最佳選項。

財務架構

不論提供哪一種服務,你都必須處理業務的財務環節。最基本的事項包括必須能把帳單交給客戶、收錢、繳納支出。對大多數顧問來說,或許除了會計師以外,財務是最不喜歡處理的事。但這種現象正在改變,因為現在有愈來愈多瞄準小型企業的雲端產品。相關產品能讓你架設基本的會計系統,追蹤收支,還能計算損益,估算稅額。當然,自行架設好事業財務系統後,還是應該和稅務顧問或會計師確認一切沒問題。

QuickBooks 可說是小型企業會計世界的龍頭,目前已經推出給獨立工作者使用的自雇者 QuickBooks(QuickBooks Self-Employed),功能包括查詢你的銀行帳戶交易(在取得你的許可下),找出可能與業務相關的支出。FreeAgent.com 也是替這個市場研發的產品。除了發票管理與申報功能,還提供專案評估工具與時間追蹤功能,用戶可以靠智慧型手機上傳與追蹤支出。FreeAgent.

com 是英國公司，但也提供美國版本。

　　除了 QuickBooks 與 FreeAgent.com，市面上也有各式適合小型企業與獨立專業人士的產品，例如 FreshBooks、Wave、LessAccounting。網路產品 Xero 還與 Timesheets.com 整合，Timesheets.com 是企業的時間管理與帳單系統，向來免費提供給自由工作者。（第 9 章會再介紹多款適合自由工作者的 app）。

　　如果想到要自行管理會計系統就感到卻步，還有其他選項。你可以雇用公司或個人來協助你，例如到 Peers.org 這個個人市集尋找財務人員。

　　此外，你也可以仰賴企業的就業平台，例如 MBO 夥伴公司或 TalentWave。這類公司不提供企業的損益表服務，而是把你變成它們的員工，由它們替你處理所有的報帳單、時間管理、收款事宜。此外，這類平台也提供各種支出報表的選擇，以及健康保險、勞工賠償保險、錯誤疏漏責任險、退休計畫等福利。

　　前一節提過，各位要是選擇自行經營事業，你會需要取得保險，至少要投保錯誤疏漏責任險與醫療險。如果你在住家以外的實體空間執行業務，可能還需要投保綜合責任保險。有的共同工作空間可能需要保險憑證，一定要確認相關合約上的附屬細則。

 其他關鍵工具

不論各位是部落客或財務長，如果要維持顧問的專業優勢，就得花時間投資自己。不論從事哪一行都一樣，你應該擬定自己的訓練發展計畫。你需要加強哪些技能才能拿下更多生意？有的職業會要求或建議工作者參加大型產業協會舉辦的推廣教育課程，例如人資。許多人看到活動訊息才考慮要不要參加，缺乏長期的規劃。最好把握進修機會，逐步累積智慧資本，開拓更多市場，拓展策略視野。好好了解要花哪些成本後，找出哪些進修計畫可以帶來最佳報酬。

各位的行銷策略也一樣。從事業發展的角度來看，參加某些活動是否是拓展人脈的絕佳機會？替那些活動編列預算。擬定預算時，別忘了加進相關費用，包括應酬活動、行銷素材、網頁寄存、平面設計服務、協會會費等等。

在今日的世界，最好也要有技術政策。有的服務訂閱後不必費心管理。除了電腦、電話、印表機等最基本的支出，你還想購買哪些服務？是否需要參加 Survey Monkey 的付費方案才有辦法做研究，或是需要 Pictograph，好替部落格加上資訊圖表？此外，如果你需要使用相關的技術服務，能否將費用轉嫁給客戶，或者這是你的經常性成本？（你可能得和財務顧問討論相關問題。）你是否參加

LinkedIn 的進階帳戶，也或者使用一般的免費服務？你是否雇用 Fiverr 網頁設計師，定期更新網站？各位應該考量所有的相關技術支出，找出這些費用占的執業成本。

你的工作環境

實體工作環境是員工體驗策略的關鍵元素，因此也是你的一人公司理應考量的環節。

共同工作空間市場（coworking marketplace）的快速成長與零工市場的興起同時發生相當理所當然，因為兩者直接相關。2007 年時，全球只有 75 個共同工作空間，2015 年則有 7,800 個。[2] 獨立技術工作者人數增加，帶動共享辦公室空間的爆炸性成長。

WeWork 是新型共同工作空間的龍頭，市值達 100 億美元，除了是全美第 4 大不動產公司，也是零工經濟力量的標準範例。不動產產業分析師指出，老牌的共同工作空間公司雷格斯（Regus）自從在 2001 年網路泡沫中破產後，除了失去短期顧客，再也無力支撐長期租約。相較之下，WeWork 雖以類似的經濟模式營運，但獨立工作者在今日占有可觀的比重。對短期租用空間來說，過去的租客是經濟不佳時容易斷租的銷售辦公室或新創公司，但非典型工作市場的興起，再加上 WeWork 掌握零工與共享經濟的脈動，WeWork 的模式較能在經濟不確定的時期存活。

WeWork 在市場上成功的先例，吸引其他業者紛紛加入。
Spaces、Bespoke CoWorking、PivotDesk 等共同工作空間
提供座位的週租或月租方案，讓有這類需求的人享有更貼
近辦公室氣氛的感覺。相關的例子還有 Hivery。位於舊金
山郊區米爾谷（Mill Valley）的 Hivery 是瞄準女性的共同
工作空間，標榜是讓女性可以創作、合作與彼此支援的空
間，同時適合創業人士、重返職場的媽媽、退休的嬰兒潮
世代。

不過，各位一定要親自到現場查看每一個選擇，才會
知道哪一家共享空間最適合自己。我在舊金山的 WeWork
進行本書的訪談，那天是星期五下午，我們的位子在乒乓
球桌旁。現場充滿吵雜熱鬧的氣氛，有點讓人分心。乒乓
球四處飛來飛去，好幾次還差點打到我身上，這樣的工作
環境不一定適合每一個人。類似的例子還有雷格斯從破產
中重新站起來，依舊在多數市場營運，不過氣氛較為接近
一般的公司環境，有的人可能感到過於古板沉悶。

共同工作空間的關鍵考量是費用。表 6 比較舊金山鬧
區南市場地區（South of Market，亦稱為 SOMA 區）幾家
業者的價格。多數的共同工作空間提供單日使用方案，以
及付費租用會議室的服務，雷格斯則要求簽約一年。各位
如果要簽約，一定要看清楚合約細節，找出所有的相關費
用。

表 6 ▎ 共同工作空間月租費

	共用座位	專屬座位	辦公室
市民空間 （Citizen Space）*	$200	$425	-
Parisoma*	$345	$595	$1250
雷格斯 **	-	$342	$798
Space Works*	$340	$510	$780
WeWork*	$220	$350	$400

* 舊金山南市場地區網站提供的價格，搜尋日期 12/31/2016
* 雷格斯南市場據點租用一人辦公室 30 日的最低電子郵件報價，日期 12/31/2016

今日流行的工作空間設計思維是畫分出具備不同特色的區域，好讓員工能有最佳表現，共同工作空間公司顯然也採取這種思維。其中要有一區完美符合人體工學，讓人專心工作，適合需要全心深入研究一個主題的時候。多數人偏好在私人空間做高強度的工作，身邊不要有其他人，以免帶來干擾。此外，今日的建築師與設計師也設計出舒適空間，當成一天之中的集會場所，但如果想閱讀、離開辦公桌用筆電工作，也可以轉移到那些舒適空間。照明是設計的關鍵，專心工作的區域必須光線明亮。此外，設計支援不同活動的空間時，隔音效果是關鍵。方便拿取重要資料的儲物空間也能增加工作效率。

休閒區也是辦公地點的重要考量。多數辦公地點附設

茶水間，還有給人休息的沙發區，甚至特別規劃出遊戲區，提供桌上足球遊戲台、乒乓球桌、彈珠台。

《哈佛商業評論》近期的文章指出，顏色是促進專心程度的另一個工作環境關鍵。此外，腦力工作者必須處於能放鬆的環境，工作效率才會高。這樣的環境寬敞明亮，不堆放雜物，視覺上不複雜，不過完全極簡的現代主義可能不適合，儘管許多共同工作空間一般採取那樣的美學風格。[3]

各位如果在家中工作，設計工作空間時，記得考量這些細節，或是重新改造原本的空間。你的工作空間不能只有書桌，也要擺放休閒椅或沙發。牆壁或許無法重新漆成令人放鬆的顏色，但至少可以收拾出不雜亂的空間。找出什麼樣的雜音程度適合自己；有的人工作時需要有音樂當背景音，有的人喜歡安靜無聲；另一個相關的考量是隱私。你想在氣氛活潑的家庭環境中工作，或者努力工作時需要有一塊專屬的地方？

獨立工作者還需要考量多常需要與其他人見面。如果你有一起合作的對象，你們要在哪裡開會？我和許多創業者一樣，最初創立 M 平方公司的地點是在家裡樓上的臥室。（我把關上房門當成一種象徵，告訴自己現在在工作。）我與客戶、顧問見面的次數增多後，咖啡、午餐、停車費帳單暴增，於是我租下辦公室空間。那是 25 年前的事了。在今日的世界，你可以租借 Liquid Space 等共享

經濟公司的會議室，不一定需要租用傳統辦公室空間，甚至不一定需要租共同工作空間。如果每個月只需要租用會議室一兩次，借用每次使用費 75 美元的會議室，可能比租價格是 4 倍的辦公室空間或共同工作空間座位來得划算。

最後的步驟是綜合考量各種選項，判斷哪種辦公情境適合自己，打造出最佳環境。

公司文化

對許多顧問來講，轉型成獨立工作者其實是選擇一種生活方式。他們成為獨立工作者的動機是掌握自己的生活，打造有意義、有彈性的職業生涯。這樣說起來，獨立工作生活的背後帶有某種文化意涵。雖然你努力替客戶的專案工作，你也想要暢玩人生，或至少想按照自己的方式工作。你為了什麼而工作、你抱持的工作精神，正是你這個一人公司的公司文化。

重要時刻（moments that matter）是今日促進員工向心力的重要概念。各行各業的公司努力和員工一起慶祝員工的關鍵時刻，例如家裡發生開心的事（孩子出生）、抵達人生里程碑（買新房子）、職業生涯發生的重大事件（升上重要職位）。各位也可以從這個角度思考自己的一人公司，哪些時刻對你來講很重要？

　　舉例來說，各位可以慶祝自己的事業成長。我還是青年創業家協會（Young Entrepreneur's Organization，YEO）成員時，認識一位創業者，她會在達成重大營收里程碑時買珠寶送給自己。（她的營收從 300 萬美元躍升至 500 萬美元時的那顆寶石好美。）各位也可以模仿她，在達成營收、客戶數、執業年數等里程碑時，以類似的象徵方式表揚自己的進展。

　　慶祝的關鍵在於把個人的成功，當成慶賀公司的成功。慶祝里程碑也是企業文化的一環。就算公司只有一個人，一樣可以有公司文化。你要採取正式的公司文化（例如：朝九晚五的工作時間），或是較為自由，視當天情況而定。此外，做品牌練習時已經定義過你的核心價值，如果其中包括社區服務，你要如何納入公司文化？你是否要捐出一部分所得給慈善機構，或是將時間與專長奉獻給社區？

　　另一方面，你是否需要採取某些步驟，好讓自己不會因為全權掌控自己的時間，隨時隨地都在工作？有時的確需要埋頭苦幹到專案完成為止（順道一提，寫書就像那樣），然而天天工作 16 小時不該是多數人的工作行程。為了心理健康著想，你應該給自己安排休息時間，讓自己有機會健身、和朋友敘舊、打高爾夫。如果你的行程表說早上七點到九點要待在健身房，或許和客戶開會的時間就必須安排在十點以後。有時你得重新預約健身房時間，不過

很多時候不用。

弄清楚要如何安排時間都是事業的助力，不論是你的個人時間、奉獻社區的時間。這股助力雖然是無形的，但你將因此有原則可循。此外，當你將其他獨立工作者帶進你的公司、請他們協助大型專案，你也更能主導業務。這裡不只有我、一台電腦、一具電話而已；我創造的工作環境能讓我發揮長才，把價值帶給客戶，還能服務社區。

就連一人公司都有公司文化。

要點回顧

◆ 你需要正確的工具、工作環境、文化，替自己營造出最佳的員工體驗。

◆ 打造可以彈性運用的合約架構時，第一步是弄清楚一般合約條款中的哪些面向對你的業務來講很重要。

◆ 顧問需要有財務架構，才能有效經營事業。

◆ 若想簡化營運流程，提供顧問薪酬管理服務的企業平台，可以替你省下一些麻煩。

◆ 你需要營造良好的辦公室環境，在理想的工作空間中拿出最佳表現。

◆你可以利用市場上提供的共同工作空間，依據需求
　租借一小塊辦公空間。

◆考量自己的企業文化可以加上哪些要素，好讓事業
　蓬勃發展，而且對自己有意義。

「我們在這裡全都是靠自己。」
——美個演員莉莉・湯琳（Lily Tomlin）

第 9 章

零工經濟的
生態系統

身為獨立顧問和事業主的意思是一切得靠自己。我在第 4 章提過,各位是一座孤島,不過那不代表你是汪洋中無人知曉的一塊地。你和希臘群島一樣,是由充滿遊艇、漁船、私人飛機、水翼船構成的一個生態系統,帶來食物、遊客、新聞、島上需要的各種物資。每一個人使用的交通工具不同,有的開帆船,有的駕駛小型飛機,你得弄清楚各種交通工具有什麼不同,找出最適合自己的一種,自在遨遊在生態系統之中。

許多營運方面的事可以外包給公司或個人。外面有讓獨立專業人士的生活更輕鬆的企業、套裝軟體、網頁、技術平台。要澄清一點,在這裡我並沒有把所有可能幫助各位取得案子的數位人力平台全都囊括在內。讓我們先從就業服務平台開始講起。

就業平台

如果你不想處理業務上的麻煩事,利用就業平台來接案很合理,但一定要了解各家業者有很大的差異,至少要先了解每一家的發展方向與定位。

就業平台百家爭鳴,包括 MBO 夥伴公司、WorkMarket、ZeroChaos 等等。就算不是大多數業者,也有許多業者都致力替客戶解決獨立外包人員的法規遵循問題,確保第 7 章提到的聘雇風險不會讓客戶頭疼或被開

罰。有的就業平台極度專注在服務客戶公司，而不是服務工作者，提供的服務包括獨立法規遵循評估、確認工作者是否有犯罪背景、批准與審核觀察名單、毒品測試、信用調查等等。這類公司將自己定位成「名義雇主」（Employer of Record, EOR），替因為預算問題、公司有員工人數限制、行政事務繁雜等種種原因不願雇用全職工作者的雇主承擔雇主責任。

如果你可以選擇，或是自己主動尋找雇主夥伴，請找也把解決方案提供給顧問的公司，例如 MBO 夥伴公司是這個領域的領導者，因為當初打造營運模式時，它們也將工作者納入考量。事實上，MBO 是「我的事業辦公室」（My Business Office）的縮寫。MBO 夥伴公司成立於網路時代早期，當時的新技術有望成為顛覆勞動市場的重要力量。MBO 夥伴公司與當時的其他業者不同，瞄準想在網路上打造有效工作選項的獨立工作者。

今日的 MBO 夥伴公司提供專門為獨立工作者設計的全方位套裝服務。各位可以選擇最適合自己的做法，包括如果決定開公司的話，MBO 夥伴公司也可以提供營運服務。MBO 夥伴公司在市場上是高度專業的行家，提供適合獨資經營者的服務，此外也有替專業公司＊量身打造的

＊ 美國由法律、醫療、工程等領域的專業人才成立的公司，必須遵循特殊法規。

服務。其他服務包括：

◆ 擔任名義雇主。

◆ 最高達 1,000 萬美元的責任保險。

◆ 合約審查與行政服務。

◆ 自動向客戶提交你的工作時數報帳單。

◆ 自動將預扣稅金後的薪資直接轉帳至戶頭。

◆ 支出稽核與處理。

◆ 每季的 1099 報稅行政事務或公司報帳發票。

◆ 提供節稅工具，例如個人退休帳戶（solo 401K）。

　　順道一提，普華永道新成立的數位人力平台，請 MBO 夥伴公司審核申請加入的獨立工作者聘雇身分，包括調查個人的顧問業務本質。調查完畢後，申請人將得知自己應該以何種身分接案。

　　TalentWave 也提供相關服務。雖然 TalentWave 的服務對象比較偏客戶公司，不過也為顧問提供專業服務，包括協助擬定工作說明書，以及替希望領取 1099 報稅單、在客戶端工作的人士預先審核資格，此外還提供協助申請健康保險福利、快速付款、合約管理等服務。

　　最後，我在 20 多年前成立的契約工法規遵循公司

Collabrus 也屬於就業平台。因為我們當年成立這間公司的初衷是讓 M 平方公司的資深顧問有雇主，所以我們將資深顧問的需求納入考量，提供顧問需要的福利，包括團體健康保險方案、雇主提撥的 401K 退休方案、費用低廉的錯誤疏漏責任險、通勤福利，以及讓醫療支出與子女照護支出可納入收入扣除額的美國「125 條款方案」（Section 125 plan）。

以上只是略舉幾個例子，提醒大家如果需要就業平台，市場上有多個不錯的選項。

取得工作福利與服務的管道

如果你決定要一個人上路，不需要重新發明輪子。許多網站都能協助你取得各種需要的工作福利，接下來介紹幾個例子。

美國自由工作者工會

自由工作者工會（Freelancers Union）是最早支持獨立工作者的組織，在政策倡議社群中替自由工作者發聲。官網上寫著：「本工會藉由政治行動、研究、前瞻思維，大力替獨立工作者發聲，確保獨立外包人員享有充分權益、保護與工作福利。」[1]工會提供的福利包括：

◆ 健康保健、牙齒與視力的福利計畫。

◆ 401K 自動轉存（401K sweep）等退休福利。

◆ 對眾多獨立工作者會使用到的商業服務提供折扣，
例如會計事務所、Geico 保險公司、Squarespace 網
頁寄存服務、Zipcar 汽車共享服務。

◆ 協助處理客戶欠款問題。

第 8 章提過，自由工作者工會也提供量身打造的合約
工具。

值得一提的是，工會可以協助處理客戶不付款的問
題。多年來它採取會員可以替客戶評分的評分卡制度，其
中付款是否準時是重要的評分標準。對很多自由工作者來
說，客戶不付錢是大問題。紐約市最近通過「自由工作者
不是免費工作者法」（Freelance Isn't Free Act），規定客戶
必須依據合約規定的付款日期或完成工作後 30 日內付
款。此外還禁止以費用打折交換快速付款的做法。[2]

Peers.org

Peers 也是協助獨立工作者取得必要資源的非營利組
織，宗旨是協助共享經濟人士，提供共享業者所需的服
務，例如 Airbnb 成員名單管理服務、房屋共享或汽車共享
的遠端鑰匙交換服務、房屋共享屋主的禮賓服務。它也提

供零工世界工作者其他服務，包括：

◆ 牙齒與視力等健康保險。

◆ 包含失能險在內的人壽保險。

◆ 退休儲蓄方案。

此外，Peers 也彙集大量共享經濟與零工經濟網站。你可以從 Peers 登入各式人力平台，包括共乘、房屋服務、寄宿家庭、技能、教學、照護、跑腿與清潔領域的人才，以及專業人士／自由工作者。

Stride Health

Stride Health 是 2014 年成立於舊金山的保險資訊平台。獨立工作者如果想替自己和家人尋找適當的保險，可以搜尋這個推薦引擎。Stride Health 藉由與各式隨選市集結盟，例如 Uber、Postmates 宅配服務、跑腿兔等等，將觸角延伸至獨立工作者。Stride Health 利用自家的演算法預測客戶的健康成本，接著尋找網路上最合適的價格與服務。整個配對搜尋過程可能只需要 10 分鐘就能完成。

直接福利聯盟

直接福利聯盟（Alliance Direct Benefits）是非營利組

織，提供小型企業與眷屬的宣導、教育、健康福利，成立至今已超過 40 年，今日的服務對象亦納入自由工作者與自雇工作者。直接福利聯盟本身並非保險業者，而是靠著人數規模享有購買力的會員組織。換句話說，雖然你只有一個人，還是能夠以團購價取得醫療保險、旅遊折扣、法律服務等等。

地堡保險

地堡保險（Bunker Insurance）是錯誤疏漏責任險平台（第 8 章談過這類保險的用途），除了服務經客戶要求加保特定保險的自由工作者，也協助客戶端處理必要的法規遵循追蹤。地堡保險的創辦人查德・倪采克（Chad Nitschke）擁有 15 年的保險從業經驗，他發現傳統的保險市場無法使獨立顧問及其客戶以快速有效的方式取得顧問合約所需的保險，因此地堡保險平台設計成一個合約保險市集，要用來消除獨立工作者與客戶的問題。

誠正理財

誠正理財（Honest Dollar）提供獨立工作者退休方案，包括美國個人退休帳戶（IRA）、美國羅斯個人退休帳戶（Roth IRA）、美國 SEP 個人退休帳戶（SEP IRA）*，甚至提供方便存款的退休理財 app，特別受獨立工作者歡迎。因

為有薪資管理公司希望提供旗下的獨立工作者退休工具，所以誠正理財才推出相關的金融產品；薪資管理客戶可以利用誠正理財系統（Honest Dollar system）付款給獨立工作者，接著獨立工作者可以將收到的部分費用直接轉至指定的退休帳戶。2016 年春天時，誠正理財引發媒體關注，同一時間高盛（Goldman Sachs）收購這家德州公司。

Ubiquity

Ubiquity 是舊金山的金融科技公司，專注於提供退休工具給小型企業與獨資企業，或是誠如官網所言，Ubiquity 服務「另外 4,000 萬人」。[3] Ubiquity 提供自家版本的個人 401K 退休方案，命名為 single(k)，費用固定，可以自行在網路上設定。single(k) 退休帳戶的特點是可以存入高過傳統 IRA 與羅斯 IRA 帳戶的金額。

商業服務與 app

市場上的許多工具與服務，可以讓獨立工作者的生活更為輕鬆。在找資料的時候，我在 Survey Monkey 上做了

---

* Roth IRA 是投資收益可免稅的帳戶；SEP IRA 則是適合自雇工作者的個人退休帳戶，但由雇主存入款項。

獨立顧問調查，試圖了解在顧問心中，以獨立工作者身分經營事業的優缺點。我蒐集到的問券不到 100 份，樣本數不大，但足以得到大致的方向（見圖 7）。不出所料，他們最喜歡的「工作」是替客戶服務，同樣的，提出前瞻思維也有很高的比例。而不喜歡的事包括會計與結帳、行銷，當然還有推銷。

第 8 章提過，市場上有許多工具與服務可以處理你的會計事務。其他類型的服務也能協助你處理其他事務，包括合約管理、生產力、通訊、社群媒體，甚至還有適合自由工作者的銷售管理系統，協助你追蹤潛在客戶，以及尚未完成／結案的交易。市場上不斷推出五花八門的創新與 app，我無法在此列出完整清單，不過圖 8 是最熱門與獲

圖 7 ┃ 顧問對經營事業的看法

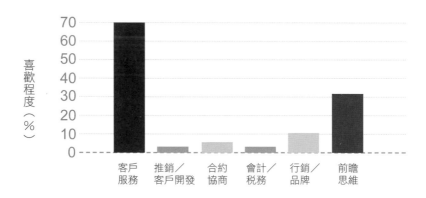

圖 8 ▎獨立工作者的工具

找到零工機會

銷售管理	Insightly	Capsule CRM	Streak	ContactMe	Desktime	Funnel
提案	Proposify	BidSketch				
社群媒體	HootSuite	Buffer	TweetDeck	Tweriod	Buffer App	

執行零工工作

專案管理	Asana	Podio	Trello	Wrike	Freedcamp	Vorex	
時間管理	Timely	Harvest	Toggl	Freelancy	HubStaff	Cushion	Timesheets.com
生產力	Teux Deux	Wunderlist	NowDoThis	Helium	FocusBooster		

收取費用

會計	Fresh Books	QuickBooks	Wave	Zoho	Paymo
支出管理	Shooboxed	Expensify	Xpenditure		
合約／法律	Bonsai	Shake	W9 Platform		

得好評的幾個例子。

📖 社群

　　獨立工作的生活形態，依舊能以許多方式營造出社群感。我在前一本書提過，獨立顧問的興起與星巴克（Starbucks）的驚人成長發生在同個時間其實並非巧合。對許多人來講，星巴克是辦公室茶水間的替代方案，可以在那裡加入人群、和同事見面、開團隊會議。如果你曾在

下午兩點閒晃進星巴克或其他咖啡廳，你一定會懷疑：「怎麼會有這麼多人帶電腦坐在這裡？」答案是其中許多人大概是零工工作者。

職業團體與民間組織可以提供職業或產業的社群感。共同工作空間也能提供某種程度的歸屬感，例如 WeWork 稱租用辦公室的客戶為「成員」，會舉辦夏令營等許多成員活動。此外又如位於加州舊金山郊區米爾谷的 Hivery 共同工作空間是專門提供給女性的交流空間，平日也替成員舉辦各式活動，例如作家工作坊、創業圈、週一冥想日等等，藉以營造出社群感。[4] 如果這類工作空間的費用對你來說還算合理，社群氣氛或許也是額外的好處。

最後，網路上有許多瞄準自由工作者和獨立工作社群的網站與部落格，提供與獨立工作者相關的文章，例如處理客戶欠款的方法、如何以不尋常的方式找到客戶、最適合工作的咖啡廳等等。

數位人力平台 Upwork 提供百大自由工作者網站。由於數量龐大，Upwork 加以分門別類，先篩選出整體最熱門的網站，再細分成適合各領域的網站，包括平面設計師、插圖與動畫師、軟體開發者、自由網頁設計師、部落客、自由作家、文案與行銷、社群媒體、特殊目的部落格。[5] 各位可以點選看起來對自己有幫助的網站，了解如何使事業更上一層樓。

要點回顧

◆ 就業平台提供報帳單、收款、扣稅等服務，方便你簡化業務。

◆ 許多組織提供適合獨立外包人員的健康保險福利、退休金方案、責任保險。

◆ 許多瞄準自由工作者市場的工具，提供會計、行銷、時間管理等各方面的輔助。

◆ 若是負擔得起相關租借費用，共同空間提供各種社群感。

「預測很難，預測未來尤其難。」
——物理學家尼爾斯·波耳（Niels Bohr）

第 10 章

零工經濟的可能發展

許多零工經濟的研究對參與者的定義與估計的規模都眾說紛紜，不過它們都指出一件事：自由工作的趨勢在全球持續成長。麥肯錫全球研究院的研究顯示，未來獨立勞動力的年成長率將達 18%，背後的推手包括數位人力平台的創投資金自 2010 年的 5,700 萬美元，增加至 2014 年的 40 億美元以上。[1] MBO 夥伴公司的研究預測，美國的獨立工作者人數將成長 16.4%，到 2021 年將占 41% 的非農就業人口。[2] 國際人力資源巨擘任仕達（Randstad）更進一步預估，到了 2025 年，超過 50% 的就業人口將是非典型工作者，或是以任仕達的話來說，五成以上將成為敏捷工作者（agile worker）。[3]

這樣的成長趨勢是全球現象。麥肯錫全球研究院的研究報告有個關鍵發現是全球非典型工作的成長程度。除了美國出現成長以外，歐洲多數國家至少有 1/4 的人以某種形式參與非典型工作，參與率遠高過研究報告的作者預期。[4]

從中國的滴滴叫車服務，一直到澳洲的 Expert 360 顧問平台，各式數位平台提供不同專業層級的人才。此外，Fiverr 等許多美國平台擁有全球工作者網絡，美國本土的眾多初階程式設計師甚至難以在 Fiverr 搶到零工，因為他們得和開發中國家成本非常低廉、靠低價搶案的同行競爭。

零工經濟在全球的成長源自於科技、人口趨勢、勞動力地位提升等幾個因素。科技改造我們的生活面貌。過去

圖 9 ┃ 獨立工作是全球趨勢

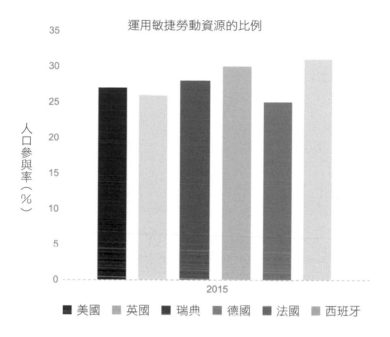

運用敏捷勞動資源的比例

人口參與率（％）

2015

■ 美國　■ 英國　■ 瑞典　■ 德國　■ 法國　■ 西班牙

* 資料來源：Randstad, Workplace 2025

20 年間，網路、社群媒體、行動通訊大幅成長，不過勞動力自動軟體公司 WorkMarket 的執行長史蒂芬‧迪威特（Stephen DeWitt）認為，雲端科技問世才是加速職場改變的推手。資訊處理能力不再受限，只要雲端再加一台伺服器就能擴充。不論是基因體序列，或是尋找專業人才，全都可以研發進行配對的演算法，不論是哪種參數問題都能

獲得解決。對許多和我一樣的嬰兒潮世代來講，這是難以想像的世界。今天我是以數位世界公民的身分寫下這段話，但我是在類比年代展開職業生涯，我還記得當年用的是簡易終端機、網景瀏覽器（Netscape）。要是你不在座位上，同事會用粉紅色的電話便條紙留言。然而，X 世代與千禧世代沒有過這樣的職場體驗。對那些工作世代來講，每天都冒出新科技是生活的常態，他們一下就接受隨之而來的新做事方法。

事實上，自 1990 年代起，許多顧問公司的大量營收其實來自提供變革管理的課程，也就是協助以嬰兒潮世代為主的工作者適應新科技。如今企業大多數是千禧世代員工，變革管理被 4 小時就解決的訓練課程取代，雲端上的創新如今是隨插即用。

同一時間，勞動力的組成也在改變，迫使企業考慮聘請許多不同類型的工作者。每天有 1 萬名嬰兒潮世代退休，某些產業受到的影響又比其他產業更大。[5] 科羅拉多大學羅伯特雷諾德全球領導講座主席（Robert Reynolds Chair in Global Leadership）、前美國人力資源管理協會（Society for Human Resource Management, SHRM）主席韋恩・卡喬（Wayne Cascio）指出，許多公用事業的線路維護尤其受到影響。暴風雨過後，斷電需要花更長時間搶修，因為新世代工作者的經驗沒有退休的前輩豐富。企業未來除了需要在傳統市場找新人，也得在非典型的獨立市

場尋找工作者。

人們對於獨立工作的接受度提高後，工作者更有權力掌控自己的工作生活。從麥肯錫全球研究院的研究一直到任仕達報告，多份產業研究皆指出，「彈性」與「主控權」是人們希望從事接案生活的關鍵因素。政府也留意到這個趨勢。美國聯準會理事莉奧・布蘭納德（Lael Brainard）指出，工作者渴望獲得的彈性是零工經濟加速成長的關鍵。[6]這個新工作模式與相關的科技，正在讓個人能夠依據自己的意願決定每週工時。財務無虞的人可以減少工時；希望工作超過每週 40 小時標準的人可以增加工時；希望工作不採固定模式的人，工時可以隨時變化。

零工經濟的成長影響著美國經濟的眾多層面。勞動法規架構正處於改變的臨界點。此外，獨立工作者的社會安全網也是需要處理的議題。企業需要改變組織架構，靈活運用獨立勞動力。隨之而來的是教育體系也將產生變化。一般人將需要了解所有的相關發展，才能在新世界中靈活發展。不過更重要的是，大家也必須以不同的方式規劃職業生涯，才能在千變萬化的市場上成功。預測未來不是一件容易的事，這章將從政策意涵看起（第 11 章會談各行各業與獨立工作者如何在零工經濟興起時做好準備）。

在這裡我要先發表免責聲明。本書有許多部分都很難下筆，因為零工經濟的新研究不停在發表。本書引用的多份報告都是在寫這本書的期間剛剛公布。當你要談的東西

一直在變，自然很難提供全面又精確的描述，尤其本章想談的又是未來的事，試圖探討政府政策是否將重塑零工經濟的某些面向。未來會怎樣，原本就很難講，美國 2016 年總統大選跌破眾人眼鏡的結果，又帶來今日相當混沌的情勢。接下來會談到各界專家預測在川普政府的領導下，人力市場可能發生的狀況。萬一你是在多年後才讀到這一章，也許可以當成有趣（或瘋狂）的歷史故事。

🗂 職場全貌

目前的職場全貌是新工作模式已經浮現，眼看即將帶來翻天覆地的變化，但政府與社會卻還沒跟上。媒體大幅報導零工經濟，許多人關切 Uber 司機的聘雇身分，政治人物與經濟學家不斷探討美國的就業問題，然而在上位者似乎沒人發現非典型工作增加與傳統工作成長減緩有關。我感到不可思議，怎麼會很少有人試著把非典型工作放進整體的「工作」全貌中討論，但到目前為止的確沒有人這樣做。

有部分的問題還是出在如何定義這樣的工作。德勤顧問公司（Deloitte Consulting LLP）執行董事、《強勢時代》（*Powerful Times*）作者埃蒙・凱利（Eamonn Kelley）指出，就像大家會把共享經濟與零工經濟當成同義詞，「工作」（work）這個詞也碰到類似的問題。美國人普遍將

「工作」（work）與「一般的全職工作」（job）當成同義詞，交替使用，都是「工作」，但「工作」的範圍其實比「一般的全職工作」大很多。[7]美國的產業標準分類（SIC）代碼與其他職業分類系統已經無法涵蓋今日的工作類型。「工作」包含各式各樣耗費精力去做的事，兼職工作、自雇工作、零工、義工都包括在內。

　　韋氏字典（Merriam-Webster）將「工作」定義為「一個人花力氣或運用能力去做、去執行某件事」[8]，甚至在「工作」洋洋灑灑的十一種定義中，不曾出現「職業」

圖 10 ▌「工作」不等於「一般的全職工作」

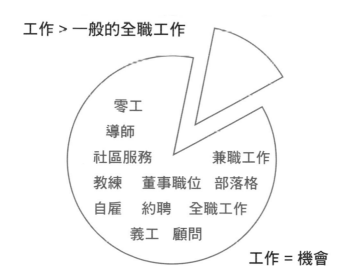

工作 > 一般的全職工作

零工
導師
社區服務　　　兼職工作
教練　董事職位　部落格
自雇　約聘　全職工作
義工　顧問

工作 = 機會

（employment）這個解釋。「工作」其實不等於「一般的全職工作」。

只談「工作」、不談「一般的全職工作」的問題，在於大家執著在雇用制度的基本社會架構。許多人不曉得，受雇才享有工作福利的概念其實是相當近期才出現的發展，這要回溯至「底特律協定」（Treaty of Detroit），全美汽車工人聯合會（United Auto Workers' Union）在 1950 年同意簽訂長期合約，交換完整的福利計畫。這項計畫十分成功，成為其他大型企業用來安排勞動力的模範。自此之後，許多人期待受雇的勞動力將享有健康與退休福利。

除了福利之外，雇用制度還涉及其他大量法規，包括薪資法與工時法、退休法與「雇員退休收入保障法案」（ERISA）、健康福利法規等等。由於政府單位各行其是，每種法規下的員工定義都不一樣，因此有的法規不適用所有類型的工作者。事情正如《未來的工作》的作者所言：

> 值得注意的是，現行的勞工法規企圖解決的問題，許多在自由工作者的世界不再那麼重要。某些議題不適用於自由工作者，例如過長的工時、不公平的休假政策、任意解聘等等，因為自由工作者自行決定工作內容與工作時間。當許多工作都以虛擬形式完成，工作地點也通常由自由工作者自行選擇，不安全的工作環境與歧視也比較不成問題。[9]

　　長期來看，我們只能期盼政策制定者能趕上新的工作形式。至於目前為止，我們只能預期總體經濟會出現下列情況。

獨立外包人員法規

　　暴增的 Uber 司機訴訟案，讓大眾留意到勞動法規中較不為人知的領域：獨立外包人員與員工的定義問題。第 7 章提過，這個領域的法律規定模稜兩可又過時，需要修法來反映現代的經濟情勢。目前各界已經提出幾種改善現行架構的方法。

　　美國智庫布魯金斯學會（Brookings Institution）的漢彌頓計畫（The Hamilton Project）召集各界的經濟與企業思想領袖進行研究，提出建言，致力促進美國的機會與繁榮。2015 年 12 月時，由康乃爾大學的塞斯·哈里斯（Seth Harris）教授與普林斯頓大學的艾倫·克魯格（Alan Krueger）教授執筆，提出〈二十一世紀的現代勞動法提案：「獨立工作者」〉（"A Proposal for Modernizing Labor Laws for Twenty-First Century Work: The 'Independent Worker'"）。兩位教授主張，新型數位人力平台帶來新型仲介商，加入平台的工作者並非員工，也非獨立外包人員，背後的主因是仲介商的成敗取決於工作者。從其他類型的雇用制度來看，一間公司要能持續成功，工作者的努力不

可或缺,而在數位平台的世界,仲介商除了是公司,也要仰賴工作者。[10]

這份針對獨立工作者的提案認為,員工與獨立外包人員沒有區別。作者指出,模棱兩可的現行法規帶來勞動市場的扭曲。在勞動市場上,部分人力公司為了逃避雇主的義務,濫用獨立外包人員的身分。仲介商也有類似的情形,由於不願被視為雇主,未將部分功能開放給平台參與者使用,然而那些功能會讓市場更有效率,提供獨立工作者真正的價值。

這份提案呼籲,仲介商應該提供工作者集資服務,也就是以團體價格加入福利計畫的管道,讓獨立工作者更有能力負擔福利計畫。相關平台可以利用付款技術來簡化流程,自工作者領得的零工費用中,自動扣除保費。此外,平台也能藉著相關技術,替獨立工作者預扣所得稅,大幅降低工作者的行政費用,加速繳稅給政府(第7章提過,一切都與稅有關,立法者理應相當歡迎這個點子)。此外,目前獨立外包人員、自由工作者,以及所有類型的獨立工作者,無法提起性別、年齡、失能等歧視的聯邦賠償訴訟,仲介商可以增加保護工作者民事權利的服務,加強獨立工作者的集體協商權 *。

---

* 雇主與雇員團體協商薪資福利與工作環境。

這份提案的作者主張，美國國會應考慮修改聯邦法。現行的法令缺乏效率，各行其是（例如職業安全與健康管理局〔OSHA〕的員工定義與國稅局的定義不同），需要由國會制定綜合性的法案，統一解釋相關問題。這將是推動改變最有效的方法。

　　雖然這份提案出爐時有許多擁護者和批評者，但 2016 年並未出現任何立法進展。不過無論如何，這依舊是未來採取行動的藍圖。

　　另一種值得留意的模式是 MBO 夥伴公司提出的〈經過認證的自雇工作者〉（Certified Self Employed Worker）。在缺乏明確的分類原則時，執行某種認證過程，確認工作者的自雇獨立外包人員身分。取得這個認證的工作者自願放棄員工一般擁有的權利。自雇工作者的認證過程有如取得執照的過程，由美國小型企業管理局（Small Business Administration）負責管理。取得認證後，這個身分的有效期限為 3 年，到期後可以展期。MBO 夥伴公司的提議和剛才提到的獨立工作者提案一樣，目前尚未進入立法程序，但提供另一種可以思考的商業模式。

川普政府的動向

川普政府要如何處理獨立外包人員的議題，各方有不同的預測。現任運輸部部長、前任勞工部長趙小蘭支持修改相關規定，最近表示：「美國政府制定的勞動法規有許多是在人們一輩子幾乎只替一家公司工作，或是只從事一種職業的年代制訂。今日的情況已經改變。我們要問，過去由大政府替大企業制定的法規解決方案，是否還適用於今日不斷變化、追求彈性、相關工作者偏好獨立工作形式的點對點經濟（peer-to-peer economy）。」[11]

勞動力自動化軟體公司 WorkMarket 的共同創辦人傑夫‧沃德（Jeff Wald）在最近一場網路研討會上預測新上台的川普政府將對隨選經濟造成影響。[12] 沃德認為相關規定將被中止，或是不予執行，尤其是歐巴馬政府的 2010 年特別小組（2010 Obama task force）為解決獨立外包人員分類問題所提出的規定。此外，沃德還認為，特別小組不久後將被立即解散，近期的法規遵循訴訟將減少。

川普政府任命前全國勞資關係委員會（National Labor Relations Board）委員、佛羅里達國際大學

（Florida International University）法學院院長亞歷山大·阿科斯達（Alexander Acosta）為勞工部長。這項任命案看不出明顯的政策方向。新聞媒體呈現的阿科斯達是終身的共和黨員、稱職的經理人與公務員，因此合理推測他將進一步貫徹總統的意志，減少法規帶來的負擔。美國勞工部的確有許多規定可以刪減。

沃德預測 2018 年有人會對長期存在的工作者分類問題採取行動。川普喜歡將複雜的事物簡化，而沒有什麼法規比獨立外包人員的規定還複雜。

此外，新政府可能任命新任全國勞資關係委員會主任委員。全國勞資關係委員會最近的決議不利人資產業發展，運用人才派遣／零工工作者的企業聘雇風險增加。不過新任全國勞資關係委員會主任委員可能會推翻這項決議，對派遣與特殊人力公司而言將是利多。

最後，由於稅制是很複雜的問題，相關改革大概要在 2018 年才會開始。新稅制為了力求簡化，有可能刪減多條與自雇工作者職涯顧問切身相關的營運費用扣除額規定。總而言之，從現在開始，各種情況都有可能發生，該是繫好安全帶的時候了。

"

社會安全網

零工經濟的成長所引發的最大關切，在於涉及員工一般享有的福利，其中包括醫療福利與退休金，以及有薪假、最低薪資、病假、家庭照顧假、工傷保險等等。

對專業金字塔頂端的獨立工作者而言，這些都不成問題；成功的獨立工作者賺得的收入，足以建立起個人安全網。然而，對於才在零工世界起步，以及非自願從事零工工作的少數族群來講，工作福利的議題十分重要，需要從社會或政策層面解決。相關領域的專家認為，許多低技術工作者無法在新職場成功，不過新模式已經開始浮現，也許能夠提供獨立工作者需要的支援。

2015 年 11 月時，38 位傑出的科技創業者、創投家、學者、政策制定者（包括 Care.com 與 Lyft 創辦人，以及 Handy、Peers.org、Instacart 的執行長）聯合發表公開信〈獨立工作者的共同目標：替所有類型的工作提供穩健、彈性的安全網原則〉（Common Ground for Independent Workers: Principles for Delivering a Stable and Flexible Safety Net for All Types of Work），指出職場已經產生根本變化，許多非典型工作者不再有辦法取得社會安全網的保障，若能找出解決之道，提供靈活配合各種工作者的穩定保障，將有益於美國經濟。

他們提出的辦法，包括跟著個人、而不是跟著雇主的可攜式福利。工作者如果擁有數個收入來源，可攜式福利將依據各來源的收入金額按比例計算。此外，相關福利的適用對象也很普及；不論是自由工作者、長期約聘、員工都適用，人人都能加入相同的福利方案。

　　這個深具影響力的團體並未提供執行細節，他們只想要開啟對話：「我們抱持著創業精神與使命，邀請政策制定者與各組織持續對話，提供想法。」[13]

　　不過，這個團體中的 Care.com 已率先響應。Care.com 是照護者與保姆的數位人力市場，提供旗下工作者創新的「照護者福利」。客戶多支付一小筆費用，分攤 Care.com 工作者享有 500 美元現金給付福利。這筆「照護福利金」（Care Benefit Bucks）可以使工作者獲得健康照護、交通與教育補貼。[14] 期盼有更多企業響應類似做法。

　　此外，Handy 也參與紐約州預計在 2017 年開始採行的新法規。Handy 是家事雜務工作者的數位平台，與紐約州的同業工會科技紐約（Tech NYC）合作，引進零工經濟工作者的可攜式福利法案。[15] 這個自願性方案由參與的公司負擔 2.5% 的費用，存入福利基金。工作者可以利用這個基金取得健康保險或退休金等福利。部分人士指出，這個法案的陷阱是將工作者定義為獨立外包人員，等同使零工工作者無法享有加班費等聘雇福利。支持者則指出，改善社會安全網的目標需要一步一步慢慢推進。

"

低薪零工平台 SHIFTPIXY

有的創業家努力推動修法，有的創業家則以不同的角度看問題，想出不一樣的解決方案。以數位平台 ShiftPixy 為例，ShiftPixy 瞄準相當特定的目標，服務多數人忽視的人才區塊：餐廳業的輪班工作者。這群低薪工作者大多領著最低薪資，工作地點包括連鎖速食店、連鎖加盟店、家庭式經營的小餐廳，是大型的科技投資不感興趣的對象。

儘管如此，餐廳業是一個分散的大型市場。ShiftPixy 的共同創辦人史蒂夫‧霍姆斯（Steve Holmes）指出，他和夥人認為可以研發 app，同時替市場的雙方增加效率；app 可以替輪班工作者安排工作行程，許多人需要多輪幾班好讓收支平衡。此外，餐廳業者碰上員工無法上班時，也需要有人替補。更重要的是，ShiftPixy 代表客戶雇用零工工作者，零工工作者因而可以從不同客戶那裡累積足夠的兼職工作時數，享有全職員工才享有的福利。ShiftPixy 提供旗下雇員可攜式福利，2017 年成功上市。

"

獨立工作者另一個弱勢的地方，在於缺乏業務責任保險的保障。獨立外包人員一般無法享有勞工賠償保險，不過亞斯本研究院（Aspen Institute）指出，黑車基金（Black Car Fund）採取新做法，提供現成的參考模式。黑車基金成立於 1999 年，最初的服務對象是紐約市的禮車司機，也就是大多不享有勞保的獨立外包人員。今口黑車基金旗下有超過 3.3 萬名成員，包括 Lyft 與 Uber 司機。黑車基金會對每趟出車額外收取 2.5％的費用，由成員繳納，用於保險的賠償給付。[16]

　　然而，除了黑車基金的特例，獨立外包人員一般依舊相當缺乏保險的保障。（保險業十分關切獨立外包人員在法規上的模糊分類方式。）一位頭腦靈活的創業家知道，保險市場碰上的問題人概不會在近期獲得解決，於是一個創意十足的方法就此問世。

　　地堡保險是小型企業保險的數位平台，同時提供服務給契約工與客戶。執行長倪采克知道勞保的問題，研發出能夠滿足需求的產品。這項產品雖然不是純粹的勞工賠償保單，但範圍幾乎涵蓋所有傳統保單保障的工作場所意外。

　　在寫到這裡的時候，這家保險公司正在兩個不同的人力平台進行測試，一個是服務建築工人的平台，一個是服務健康照護專業人員的平台，這兩個族群都是很容易碰上重大工傷的族群。這個保險產品的研發過程十分複雜，因

為美國各州各自有保險制度。儘管如此，地堡保險還是榮登 A 級保險業者，它的保費合理，最低每日 1 美元。我猜測，地堡保險準備好將服務範圍擴大到全美各地時，這個創新的保險產品已經有現成的市場。[17]

有薪假的問題更為棘手。雖然許多人主張從政策面解決，但是這個議題事實上需要從個人角度考量。別忘了，有薪假並非法定福利，而是許多雇主自願提供的福利，因此獨立工作者可以自行規劃休假預算，甚至另行開立帳戶，Policygenius.com 等網站提供大量的相關技術支援，事實上，Even 這個 app 甚至可以幫使用者安排收入用途。

另一種安全網則是在客戶賴帳時可以獲得保護。紐約市議會在 2016 年 11 月通過「自由工作者不是免費工作者法」，協助自由工作者追討客戶欠款，累犯的罰款最高可達 2.5 萬美元。目前尚不清楚紐約以外的司法管轄區是否會採行類似法規，但「自由工作者不是免費工作者法」的確提供獨立工作者重要的民事協助。

最後，就像前面提到過的，零工勞動力成長不單是美國獨有的現象。全球的零工勞動力都在成長，其他國家也因為工作模式的重大變化歷經重大結構改變的挑戰。Uber 在英國輸了第一場戰役，英國法院在 2016 年 10 月宣判 Uber 司機應被視為員工，有權取得有薪假與退休金福利。新加坡的數位平台新創公司 MyWork 替缺乏社會安全網的零工工作者設計出解決方案。零工工作者可自行選擇是否

向客戶收取額外費用,以繳納中央公積金,也就是新加坡的社會安全福利金。[18]隨著全球許多國家與企業紛紛替浮現的問題設計解決方案,有朝一日將出現大家都能參考的最佳做法。

其他總體政策問題

持續成長的零工經濟將以其他許多方式影響我們的經濟與文化。當大家增減自己的零工經濟工作時數時,政府過去的失業計算方法將不再準確。零工工作者應納入失業人口或就業人口?或者我們需要一套全新的詞彙,才有辦法描述新職場世界?《SOLO 城市報告》的作者建議:「我們需要新的定義,來反映今日工作安排的無窮可能性,以及個人在各種工作安排中轉換的速度。我們需要能夠隨時順應變化的新工作分類法。」[19]

我們對聘雇情況會隨著景氣循環自然增減的理解可能也要改變,因為工作者可以在景氣衰退時利用數位平台獲得額外的工作機會,30 年前則沒有這樣的機會。此外,因為大家可以接專案類的零工,使得景氣循環的低谷也可能不再那麼深。《芝加哥論壇報》(*Chicago Tribune*)近期訪問某位 Uber 司機,他說要不是可以接 Uber 的零工,自己可能已經在領取政府的食物券。經濟學家正在苦思什麼新詞彙才適合用來形容今日經濟發生的根本變化。此外,他

們也可能需要重新定義什麼樣的數據算是常態；我們往前邁向未來時，過去的比較方式可能已經失去意義。

愈來愈多人成為收入不穩定的長期零工工作者後，房地產市場也可能受影響。20年前，我的M平方公司經常得替想向銀行貸款的獨立顧問開立收入證明，解釋顧問的收入要看專案，而不是看年薪，因此無法保證未來的年收入。有趣的是，一般的固定工作同樣也無法保證未來的年收入，儘管如此，大家還是覺得可以永遠持續下去。

即便到了今日，許多放款人依舊覺得自由業的收入不穩定，就算是收入最高的獨立工作者也不例外。因此金融機構也許會比較不願意提供貸款。喜歡生活有彈性的個人，也可能決定不想要貸款帶來的固定還款義務。大家對於是否一定要擁有房子的偏好，可能有所轉變。

不過，美國是充滿創業精神的國家。創意十足的創業者看到市場的扭曲情形後，大概會設計出不需要W2報稅單當作收入證明的不動產貸款產品。金融產業不乏創新產品的例子，不過大多是從放貸人、銀行、保險公司的利益出發。我們需要替顧客需求著想的產品。這類貸款產品甚至不是根據基本參考利率來調整貸款利率，而是依據借款人申請時的變動收入。這樣的發展我樂見其成。

最後，從樂觀的角度來看，部分專家指出正在成長的零工經濟，或許能成為難民社區需要的經濟助力。隨著全

球流離失所的人數不斷增加，難民營正成為更永久的居住地。難民的關鍵需求是取得收入。能在難民營中遠距處理的專案工作，可以提供人們需要的收入，例如非營利組織平等採購（Samasource）培養窮困人士的科技技能，協助他們脫貧，日前已經在試著提供科技工作的仲介服務。相關機構的努力，再加上網路設備、虛擬銀行等科技基礎建設的輔助，將能提供弱勢族群亟須的協助。

要點回顧

◆ 科技發展、人口組成趨勢、工作者偏好工作更有彈性等因素，促使零工經濟持續成長。

◆「work」與「job」字面上的意思都是「工作」，但其實並非同義詞。「work」包含更多類型的生產性活動。

◆ 各界正提出新模式，以求改善獨立外包人員的法規遵循問題，其中〈二十一世紀的現代勞動法提案：「獨立工作者」〉與〈經過認證的自雇工作者〉相當值得參考。兩者皆能用來簡化目前的勞動市場法規。

◆ 科技大老與專家紛紛提出各種可攜式福利，計算方式為不同收入來源帶來的收入比例。可攜式福利提供重要的政策參考依據，替獨立工作者提供社會安

全網。部分走在時代最前端的數位人力公司已經開始執行相關方案。

◆ 新上台的川普政府有可能徹底改變與零工經濟相關的法規，其中有的法規妨礙零工經濟的發展，例如獨立外包人員模糊的分類方式；有的法規則幫助零工經濟發展，例如「平價醫療法案」。

◆ 與零工經濟工作環境議題的創新可能來自具備創業精神的公司，它們沒有耐心等待政府解決法規議題。

◆ 不斷成長的零工經濟將以其他方式對我們的社會造成影響，例如經濟指標的評估方式。

「未來實在太耀眼，我得戴上墨鏡才行。」
——Timbuk3 樂團

第 11 章

給企業與自由
工作者的提醒

光輝國際（Korn Ferry）是全球最大型、最受敬重的高階經理人研究公司。旗下的人才部門睿程（Futurestep）每年會公布最重要的人才趨勢。2017 年排名第一的趨勢是「零工經濟的興起，又稱『個人企業』（Me Incs）」。[1] 報告指出，對有的公司而言，零工經濟是一種策略移轉，從「我需要雇人」，變成「我需要完成專案」。零工經濟榮登趨勢榜首，顯示人們開始注意到零工世界，未來會有更多公司接納這種工作模式，有的公司將面臨陣痛期。

此外，未來也會有更多工作者選擇獨立的生活形態。Upwork 最近的研究〈在美國自由工作〉（Freelancing in America）探討這個趨勢背後的心理因素，六成的獨立工作者表示，自由工作正成為更受尊重的職業生涯選擇。[2] 從這個心態來分析，自由工作的趨勢可望持續成長。對企業與工作者來說，獨立工作的趨勢究竟代表什麼意義？本章首先探索近期可能出現的發展，接著大膽提出長期可以思考的方向。

企業該如何因應

任仕達最近的〈2025 年職場〉（Workplace 2025）研究，將獨立專業工作者定義為敏捷工作者（我也不懂為什麼又另外發明一個詞彙），發現企業市場安排這些人力的

圖 11 ▌ 敏捷勞動力模式 *

定義：藉由即時安排約聘人員、臨時工作者、顧問、自由工作者，滿足人力需求的策略能力
＊資料來源：
Randstad, Workplace 2025

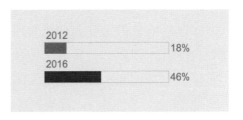

頻率是 4 年前的 1.5 倍以上，成長率約為 155％。[3]

　　大小企業都普遍運用零工經濟後，工作環境將產生變化。契約工與自由工作者將與正職員工一起完成公司重要的專案。長期計畫將全部或部分由不具備員工身分的人士完成。他們不會長期留在公司，但當下是最適合完成工作的人選。由最佳人選完成工作的做法未來將更勢在必行。職場正在不斷演化，找到具備正確專長的人士不再像以前那麼困難。你必須找到正確團隊，因為你不找，你的對手會找。請來獨立工作者時別忘了，他們的工作動機可能與

表 7 ▌ 新型工作者典範

員工	獨立工作者
領薪水	依據表現領取報酬
在辦公室工作	到處都可以工作
使用公司設備	自帶設備
在公司制度裡往上爬	做自己的老闆
目標：升遷	目標：專業
眼光長遠	不做任何預設

一旁的公司員工相當不同。

企業若想有效運用零工經濟，必須事先做好迎接獨立工作者的準備，協助他們快速上手、有效工作。相關準備包括合約義務、付費流程，技術介紹（使他們能夠在一定程度上身處有如量身打造的技術環境），以及帶領他們大致理解公司／部門／專案內容。

以上提到的種種準備，如今可以交給人資管理界的新型科技公司。近年來，物流公司的生財之道是藉由研發創新產品，管理自家供應鏈。今日需要管理的供應鏈則是人資供應鏈。WorkMarket 等人資管理平台，替企業人資供應鏈的所有面向，提供端對端（end-to-end）的解決方案，包括供應獨立工作者、處理相關合約事宜，以及自動生成合約條款，確保各式要求（例如 9 個月內完工）未被遺漏。相關系統可以處理獨立外包人員法規遵循事宜，事先評估工作人選與工作。

Shortlist 等平台提供「敏捷人才外包」（agile talent sourcing）服務。客戶如果需要相當特定的專長，例如需要既熟悉美容化妝品、又要能翻譯菲律賓他加祿語的文案寫手，Shortlist 將與其他平台合作，協助找出這樣的人才，因此 Shortlist 類型的服務是「人才姓名錄的姓名錄」，替客戶建立內部人才庫，客戶公司將有能力快速因應人力市場上的變化。

　　不過，貨真價實的人資供應鏈創新也帶來人才社群，企業得以儲備專屬的人力市場。企業找到一位優秀顧問時，大概會很樂意再次請他做別的專案。人才社群架構使公司得以維護資料庫，蒐集各類曾替公司不同部門效力的獨立工作者。資料庫中通常會收錄績效評分、先前做過哪些類型的專案、先前的專案經理等質性資料。數位人力平台 Upwork 也提供這類社群，命名為私人人才雲（Private Talent Cloud）。獨立工作者完成一個案子後，隨時可能換到其他客戶那裡工作，人才社群則使公司與公司偏好的獨立工作者之間出現較為永久的連結。

　　旋轉門的概念是指關鍵人才隨時可能另謀高就。人才出走是企業長年感到頭疼的問題，今日的情況更是明顯。對許多企業人士來講，尤其是人資領域的工作者，人才四處流動帶來相當不同的人力管理方式。人資世界最常研究的指標是人員流動率（turnover）。一般來講，高人員流動率代表關鍵績效指標（key performance indicator, KPI）數字不佳，然而在零工工作者與員工並存的新型工作環境，人員流動率將成為相當不一樣的指標。關鍵績效指標或許會變成你偏好的顧問回歸率。

　　真實世界的情況是，人們進入企業，開始培養專長，接著許多人會留下，但其他人會成為市場上提供技能的獨立顧問。有一天那些離開的人或許會以自由工作者或員工的身分回歸，此時他們身懷更多在外闖蕩後獲得的技能。

由多份工作組成的職業生涯道路與傳統的人員流動率觀念不相容，但這樣的情況愈來愈普遍。有的科技公司甚至正在研發行為指標，找出員工最可能離職的時機，並利用這個資訊來設計離職流程，使離開的員工會懷念前雇主，未來有可能再次為前雇主效勞。

企業必須進一步意識到雇主扮演的角色正在改變。雇主需要訓練下一代的獨立工作者，協助他們培養管理與領導能力，讓工作者有能力建立自己的職業生涯。科技巨擘思科已經著手採行這個理念，提供員工機會，讓他們在包含員工與契約工的專案團隊中能像獨立工作者一樣工作。[4]

愛爾蘭經濟學家查爾斯·韓第（Charles Handy）在30年前指出，企業扮演的角色是開創職業生涯的起點。璞玉進入企業，企業型塑人才，讓人才有能力獨當一面。韓第在《非理性的時代》（*The Age of Unreason*）中用英國軍隊來比喻企業扮演的角色：缺乏技能的新兵進入軍隊後，有的人會留下，但多數最後會退伍，踏上其他的職業生涯道路。將軍的職位就只有那麼多，每個人從一開始就知道只有屈指可數的人能夠一路往上升。退伍的人帶著一些技能離開，已經具備一定程度的歷練，以及一點專業培訓，有辦法在其他組織中成功。韓第眼中的企業，其實更適合用來描述今日企業世界所扮演的角色，他的書整整超前這個世界35年以上。企業靠著訓練下一代的獨立工作者，在未來成為受益者。企業當初訓練過的人，以後將帶著更

多專業能力回歸。

　　不過，人才回流雖然是好事，不過擬定運用回鍋人才的策略將有些複雜。退休與工作福利計畫該如何配合彈性的職業生涯道路？舉例來說，如果瑪麗離職 4 年後又回來當員工。由於她在離職期間培養出特殊專長，再次聘用她是聰明決定，但她是否算「新」員工？她先前的年資能否算進股票選擇權的授予日期？她的退休金年資又要怎麼算？希望善加利用零工經濟的公司，今日需要在人才招募策略中考量好相關議題，移除人才在市場自由中流動的障礙。

　　因為企業需要一個充滿人才的市場，確保它們能夠得到最好的人力資源。所以企業在人力市場上打造自家品牌，希望最優秀的人才能來公司工作。今日是人人都要搶人才的年代，企業對打造良好的雇主形象十分注重，希望盡全力建立最好的雇主品牌，成為求職者的首選。然而，那顧問品牌呢？企業除了必須讓自己成為求職者心中的首選雇主，也得是工作者心中的首選客戶。方便企業有效管理勞動力所有面向的人資管理系統，將使獨立工作者更具機動性。最優秀的獨立工作者會選擇口碑最好的企業，替最適合顧問與契約工工作的公司效勞，那些公司是他們的首選客戶。

　　成為首選客戶有某些必要條件，其中定期準時付費是關鍵。自由工作者工會最近在公車與地鐵刊登一系列廣告，標語是：「你的公司規定 90 天才給錢，但我每 30 天

就得付一次房租」。企業必須了解，應付帳款現在要付給個人，拖延將帶來副作用。

法律上可被視為獨立外包人員的資深顧問（雖然法規未來可能變動）喜歡以領取 1099 報稅單的身分執業。由於許多企業為了回避法規風險，不願依據 1099 稅法雇用合法的獨立顧問，獨立顧問耗費心力打造的 1099 事業架構因此無法使用。這樣的顧問乾脆離開這一行，或是同意以領取 W2 報稅單的身分接案。這些高階顧問很高興有這個機會能以自己設計的營運方式收到費用。

此外，企業要能成為獨立工作者偏好的客戶，關鍵在於提供拓展技能的機會。訓練課程是企業與獨立工作者建立連結的絕佳機會，因為許多自由工作者沒機會參與這樣的課程。有的企業利用 Everwise 人力平台，提供員工來自其他企業的導師。如果能擴展這樣的導師服務，邀請公司重視的契約工一起參與，公司就會在契約工中建立良好口碑。

最重要的關鍵或許是企業得培養「隨插即用」（plug and play）的心態，了解自由工作者的工作目標與員工不同。舉例來說，企業必須支持雙重工作者（dual worker）的趨勢。許多領域的工作者希望除了正職（全職）工作之外，還能另外接案，例如數據科學家與網路安全專家正是如此。數位人力平台 StealthHire 上的網路安全專家，多數還受雇於其他公司，但也能靠從事網路零工增加收入，他們是唯一有能力接相關案子的專業人士。值得注意的是，

最近一名自由記者訪問我時，表示沒聽過零工經濟，所以我向他解釋他其實也是零工經濟的一員，理由是他在外包的零工世界替人寫文章。這位記者是具備雙重職業生涯的專業人士，除了是自由記者，也是亞特蘭大（Atlanta）某公關公司的雇主夥伴。撰寫那篇零工文章的工作，將拓展那位記者對於零工這個關鍵新主題的認識，進而替自己的公司創造價值。我期待他會意識到自己的確是零工經濟的成員。

然而，我們也無法斬釘截鐵判定，在數位人力平台的輔助下，這個世界將一路奔向隨插即用的未來，途中一定會碰上路障。目前已經有數個平台即便資金充裕，依舊停止營運，數位平台的失敗家數在 2016 年創新高，其中包括 Sidecar、Shuddle、Spoonrocket。Sidecar 是知名叫車服務，但被 Uber 和 Lyft 夾殺；Shuddle 是專為忙碌父母設計的孩子接送服務，可以幫忙送孩子去找玩伴和從事體育活動；Spoonrocket 是美食外送服務。光是這三個平台，背後便投入 7000 萬美元的資金。[5]

以下幾點是平台經濟的參與者可能失敗的原因：[6]

◆ **互動不良**：如果你想使用 Uber，卻叫不到車，下次可能不會再給 Uber 機會。

◆ **參與率不夠高**：參與者使用過幾次，卻未成為長期的供應商或客戶。我參加的 8 個平台中，3 個寄發邀

請給我，請我再次回到平台。

◆ **配對的品質**：如果找不到想要的人才，怎麼會成為回頭客？有的平台正在增加引導客戶服務，協助他們找到人力資源，我猜就是為了解決這個問題。

◆ **害群之馬**：素行不良的參與者有可能破壞所有人的體驗，例如 Uber 司機性騷擾乘客的傳言，絕對會影響使用 Uber 的意願。

不過，長期來看，我們必須意識到整個世界將相互連結。WorkMarket 執行長史蒂芬・迪威特認為，演算法模型有一天將自動提供正確人才，傳統仲介商會消失。人類想像未來時，靠的是已經聽說過的未來，因此迪威特經常用科幻電影《星際爭霸戰》（*Star Trek*）來比喻：「如果寇克艦長（Captain Kirk）正在為下一次的出航尋找新人才，你認為他只會在 LinkedIn 上找人嗎？」[7]

其他專家則有不同看法，指出對企業組織來講，仲介商正在扮演愈來愈重要的角色，例如《未來的工作》作者認為，若要找到最適合的行動高階人才，協助他們快速進入情況，提供正確酬勞，將需要相當能幹的仲介商。人力派遣公司任仕達的〈2025 年職場〉報告毫不意外的認為，仲介商在職場上的重要性正在增加。

企業顯然開始體認到這個世界已經不同於以往，有自由工作者，也有員工。新職稱如雨後春筍般冒出來，例如

任命人才長（Chief people officer）已蔚為風潮，此外還有
自由工作者開發長（freelance development officer）和自由
工作者牧人（free agent wrangler，我喜歡這個名字）。有
人還建議使用工作地點設計（Workplace Engineering，有
點太文謅謅）這個詞，「以反映出今日的新方向與新使
命，為求達成組織任務，打造出由工作者與工作地點組成
的最佳生態系統」。[8]

工作者的未來

對於考慮踏上獨立工作道路的人士來說，前景似乎一
片光明。MBO 夥伴公司 2016 年的〈美國獨立工作者現況〉
研究指出，21 歲以上的美國人中，大約有 2,900 萬人打算
加入獨立工作者的陣容，再加上近 4,000 萬人原本就是獨
立工作者，未來的零工經濟將十分熱鬧。

職場不斷在變動，有志於打造成功獨立職涯的人士，
我建議可以從生活方式的角度思考。

對於正在展開職業生涯的人士來講，關鍵是教育。在
從前，學習工程、行銷、財務是展開職涯的好方法，但在今
日，創業能力才是關鍵。如果想當「個人企業執行長」
（CEO of Me），就得學會如何經營事業。我因為是創業者，
思考難免偏向創業，但創業精神其實對所有人同樣重要，就
算你想進的領域是醫學、地球物理學或學術界也一樣。數位

平台今日無所不在，各位可以一邊接受職涯教育、一邊兼差賺取額外收入，偶爾從事獨立工作。我進行非正式的 Uber 司機調查時，一位兼職當司機的老師抱怨，自己因為一輩子都是受雇的員工，不了解如何當個獨立工作者。他希望 Uber 當初能給他一頁的說明文件，告訴他「如何利用 Uber 賺最多錢」，這樣他才懂得事先扣除營業支出。各位應該做好準備，讓自己有辦法面對不同的職涯情境。

附帶一提，我認為我們的教育體系應該跟上這個新發展。《公司》雜誌與《快公司》（*Fast Company*）兩家雜誌的創辦人，與奈特基金會共同成立 SOLO 計畫，探索獨立工作者的趨勢，了解相關的公民、社會與政策意涵。他們在 2016 年的 SOLO 計畫報告中提到創業教育應該從小學四年級開始。如果沒辦法那麼早開始，至少中學與大學就要教所有學生基本的創業知識，至少要學習入門的會計與稅務知識、品牌、傳播、基本的銷售訓練。更進一步的課程可以納入組織學與心理計量學，以協助學生理解情緒商數、聘雇架構與基本募資知識，例如考夫曼創業領導中心（Kauffman Center for Entrepreneurial Leadership）提供數種課程，執行將相關課程帶進社區大學的校園計畫。現成的課程已經有了，我們只需要推廣就行了。

萬一各位在學校時沒有機會學創業，你得靠自己學習。如同 2016 年的《SOLO 城市報告》指出，我們需要「教學生**創造**工作，而不是找到工作」，而創造工作的能

力背後需要創業思維。考夫曼中心同樣也是這方面很好的起點。考夫曼中心與可汗學院（Khan Academy）合作，推出定期由 600 萬學生觀看的創業系列課程，理查·布蘭森（Richard Branson）等成功創業家也現身說法。網路上還有其他可以學習這個主題的大量資源，快去學吧。

創意人才培育網站 BOONLE

Boonle 是正在成長的數位人力平台，總部位於紐約羅徹斯特（Rochester），試圖對創意新手進行入行培育，協助新人行的自由工作者在零工經濟職場中累積經驗。創辦人東尼·卡拉布理斯（Antonio Calabrese）成立前導計畫，在羅徹斯特理工學院（Rochester Institute of Technology）提供專門的設計課程，學生可以利用 Boonle 展開獨立自由工作事業。卡拉布理斯指出，對新手來講，要在 Upwork、Fiverr 等平台找到零工不容易。[10] 對於需要累積資歷的新進創意自由人才來講，Boonle 是理想的起點。客戶可以使用學生的作品，或是加入 Boonle 的「VIP」網站找熟手：只有曾經數度在 Boonle 成功接案的成員，才能在「VIP」網站競爭案子。Boonle 目前尚未提供創業或商業管理課程，但卡拉布理斯認為這是未來很好的方向。

此外，《SOLO 城市報告》還找出特定的人格特質可以在新職場世界促進成功。零工經濟具備創業要素，追求彈性與速度，充滿不確定性，不是每個人都適合。報告指出最重要的要素是恆毅力，也就是有能力接受挫折，從錯誤中學習，展現復原力。其他的關鍵要素包括承受不確定的情況、與人合作的技能、在標準情境與創意領域中解決問題的能力，以及願意尋求協助。此外，擅長培養人脈，懂得打造個人品牌顯然也是關鍵要素。完整的成功要素見圖 12。

正在做前一、二份工作的職場新鮮人，記得要留意一般只有上班才會碰上的職涯發展機會，包括學習管理其他人等「軟技能」。隨著愈來愈多勞動力成為獨立工作者，

圖 12 ▍零工工作者的成功特質

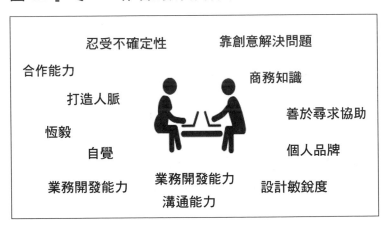

忍受不確定性　　靠創意解決問題
合作能力　　　　　　商務知識
打造人脈　　　　　善於尋求協助
恆毅　　　　　　　個人品牌
自覺
業務開發能力　業務開發能力　設計敏銳度
　　　　　　　溝通能力

資料來源：*The Solo City 2016 Report*

學習管理能力的管道會減少。多數的嬰兒潮世代在大公司接受過良好訓練，然而那些公司有許多已經不存在，還存在的企業提供的培訓也不如以往多，因此各位要是能參與培訓課程，請好好把握機會，尤其是領導能力、溝通、衝突解決等方面的訓練。此外，屬於成功零工工作者特質的軟技能還包括合作、設計思考等等。如果能獲得這方面的訓練，也是相當寶貴的經驗。

各位如果剛起步，正在朝獨立職涯邁進，個人品牌管理是關鍵。除了第 4 章提到的概念，各位還可以把自己的品牌當成人生設計策略的一環。史丹佛大學的商學院課程「做自己的生命設計師」（Designing Your Life）已經出書，作者是任課教授與科技創業者比爾‧柏內特（Bill Burnett）和戴夫‧埃文斯（Dave Evans）。「做自己的生命設計師」是思考個人品牌的好方法。你正在替自己安排的工作是否將帶來滿足感與幸福？

已經有經驗的獨立工作者需要了解客戶在新職場世界會碰上的難題。小公司可能還在努力跟上腳步，大公司也可能還在努力適應新勞動力的隨插即用特質。如果你能協助客戶進一步了解獨立工作市場的生態，你將能與他們建立更穩固的關係。此外，有的仲介商會關注哪些供應商是客戶的首選，或正在建立人才社群，各位要了解這類仲介商扮演的角色，才能與客戶維持最良好的關係。如果有必要，你可以當客戶在獨立人才世界的嚮導，協助他們靈活

應用自由工作者。此外，你也可以引導想成為獨立工作者的個人客戶。由於今日的職涯有著組合式的特性，很有可能會碰上需要這類嚮導服務的客戶。

　　至於已是老手的獨立工作者，你們有許多經驗可以分享。有人建議資歷豐富的獨立工作者可以開發 Yelp* 風格的群眾外包服務，讓大家分享接案心得，找出「首選客戶」（不過這類服務要如何獲利還是問題）。如果真的有人出來做，請記得加入。成功的零工經濟參與者所提供的建議，會使這個市場更加完善。

　　此外，新手獨立工作者可以從經驗豐富的獨立工作者身上學到許多事，包括顧客管理、業務開發、專案出問題時如何與客戶溝通，以及其他各種獨立工作者會碰上的特定主題。M 平方公司管理專案時，提供新手顧問一定程度的訓練。M 平方公司的首席顧問克里斯・尼爾指出，許多千禧世代由於職業生涯經常變動，沒機會擁有導師。[11] M 平方公司的「轉型服務」（Transformation Practice）請來經驗豐富的專案領導者，指導較為初階的獨立顧問處理專案與管理客戶。

　　其他的相關資源似乎並不豐富，缺乏獨立顧問的導師網站，不過我已經建議 Everwiseb 人力平台建立這樣的管道。LinkedIn 旗下有獨立顧問群組，不過我認為那裡的討

---

* 餐廳、美容、汽車、購物的心得網站。

論不是很熱絡。各位的職業組織／數位社群或許提供可以
提攜後進的園地，各位可以協助新一代的獨立工作者。數
據顯示，未來將出現大量的零工經濟生力軍，別忘了傳授
他們立足之道。

要點回顧

◆ 企業需要了解獨立工作者與一般員工並不同。

◆ 企業需要準備好迎接擁有組合式職涯的員工。他們
　有可能先成為公司員工，接著離職，幾年後以顧問
　身分回歸。

◆ 公司專屬的人才社群可以增加公司效率，輕鬆再次
　聘請先前合作愉快的自由工作者。

◆ 同時擔任員工與從事零工工作的雙重職業生涯，未
　來將成為更普遍的現象。

◆ 可以在零工經濟中順利發展的關鍵技能，包括恆毅
　力、有能力應對不確定的情境、溝通能力、問題解
　決技巧、商業與財務知識。

◆ 必須培養創業能力才能在零工經濟的世界中成功。

◆ 經驗豐富的獨立工作者，應該考慮將業界訣竅傳授
　給新手與客戶。

附錄 A　仲介商與數位平台公司參考表

　　本表收錄的公司並不全面，例如某幾間公司由於是自籌資金、在其他國家設立（美國以外）、已歇業等原因，並未在表格中。表中粗體字代表較為傳統的仲介商，斜體代表已歇業。資料來源：Crunchbase.com（存取日期為 2017 年 1 月 4 日）與各家公司官網。

▍表 A

公司	成立時間	資本與資金來源	規模	主要業務
99 Designs	2008	4,500 萬美元；Accel Partners	百萬名以上自由設計師	網頁設計與平面設計的競標平台
Agent Anything	2010	未揭露	總部位於蒙特婁（Montreal）	大學生的跑腿平台
Axiom	1999	2,800 萬美元（2013 年）	1,500 名員工，11 個辦公室	科技型法律服務
BellHops	2013	1,350 萬美元（2015 年）；Canaan Partners 主導	營運地點遍布 53 座城市／大學城	大學生提供的搬家服務
BloggMutt	2011	未揭露	1 萬名自由作家	替公司與機構的部落格文章提供內容
Boonle	2014	未揭露	新創公司	協助新進創意自由工作者入行
Business Talent Group	**2007**	**800 萬美元（2016 年）；Next Equity 主導**	**美國 5 個城市；兩度名列 Inc. 500**	**獨立顧問專案**
Caviar	2013	1,500 萬美元，創投	Square 收購；價值預估 9,000 萬美元	高級餐廳外送
Cerius Executives	**2007**	**私人公司**	**超過 6,000 名資深顧問，在 27 國營運**	**臨時經理、資深管理職**
Cha Cha Cha	2006	1 億美元，創投	營運正在萎縮	由「嚮導」提供各種問題的答案
Clever	2009	自有資金	8,000 名部落客	社群媒體網紅資料庫
ClickWorker	2005	1,420 萬美元（2015 年）	遍及 136 國 70 萬名自由工作者	處理標準工作、問卷、翻譯、研究

公司	成立時間	資本與資金來源	規模	主要業務
CoachUp	2011	940 萬美元；NBA 勇士隊（Warrior）的史蒂芬·柯瑞（Steph Curry）資助	1 萬 3,000 名教練與 10 萬運動員	配對年輕運動員與獨立教練
Consultants.com		由 Global Ventures LLC 資助	Beta 模式	顧問可以建立數位品牌的平台
ConsultNe	1996	獨立經營	1,500 名顧問、300 位客戶	IT 與工程專案服務
CreativeCircle	2008	2015 年被 OnAssignment 收購		廣告與創意人才平台
Curb	2007	1,070 萬美元（至 2014 年 8 月）	60 個城市	計程車司機版的 Uber
Dolly	2013	2015 年兩輪募資 970 萬美元	5 個城市	由合格「助手」提供搬家 app 服務
DoorDash	2013	1 億 8,670 萬美元；Sequoia Capital 主導	250 個城市	餐廳食物外送
Eden McCallum	**2000**	**獨立經營**	**1,500 專案、500 名顧問**	**旗下有顧問網的獨立顧問公司**
Everwise	2012	2,630 萬美元；Sequoia Capital 主導	250 企業客戶	連結年輕人才與導師的人才發展平台
Experfy	2014	150 萬美元	最大型的數據科學家訓練平台	數據科學家的人才與訓練平台
Expert 360（澳洲）	2012	510 萬美元；Frontier Ventures 主導	87 國、1 萬名合格自由工作者	專案顧問
Fiverr	2010	30 萬美元（2014 年）	自 2010 年起，完成超過 30 萬零工工作	平面設計、網頁、翻譯

公司	成立時間	資本與資金來源	規模	主要業務
Freelance（澳洲）	2009	澳洲上市；市值4.55億美元	2,200萬註冊用戶、共1,000萬工作機會	網頁開發、平面設計、數位行銷行動app平台
Gengo	2008	2,420萬美元；24家投資人	1萬名註冊譯者	群眾翻譯服務
Gerson Lehrman Group	1998	無資料	50萬前瞻思維領導者、1,400客戶、22個全球辦公室	短期專案的顧問專業人士
Gig Salad	2007	百萬零工工作者	9萬個品牌	派對／活動的娛樂人員市場
Gigwalk	2010	1,780萬美元		管理零工與一般工作者的工作空間管理平台
Grub Hub	2004	紐約證交所上市，市值31億美元（1/3/2017）	每日17萬4,000筆訂單	餐廳食物外送
Guru	1998	1,600萬美元；由Emoonlighter收購	150萬成員、完成百萬份工作	自由工作者市場、網路設計、IT、行政零工
Handy	2012	經過五輪募資6,070萬美元	2015年有百萬訂單	家務協助（水電工、清潔工）
HourlyNerd	2013	2,200萬美元（2016年）	1萬名顧問	MBA顧問平台；收取佣金14.5%
Instacart	2012	五輪募資2.74億美元	7,000名協助購物者	雜貨外送
Lyft	2012	創投出資10億美元	65個美國城市	叫車服務
M Squared	**1988**	**2013年出售給Solomon Edward**	**加州**	**專案顧問、解決方案顧問**
McKinley Marketing	1995	獨立經營	華盛頓特區	行銷專案的顧問與契約工

公司	成立時間	資本與資金來源	規模	主要業務
Mech Turk	2006	Amazon 持有	Beta 產品	電腦無法執行的「人類智慧任務」（例如挑選照片）
Medicast	2013	190 萬美元	佛羅里達與南加州	醫師出診
Munchery	2011	五輪募資 1 億 2,040 萬美元；Menlo Ventures 與 Sherpa	每週 300 位顧客、每月成長 20%	主廚餐點外送
Postmates	2011	2 億 7,810 萬美元	2 萬名活躍外送員，橫跨美國 40 個主要市場	地方隨選食物外送；與連鎖餐廳合夥
RedBeacon	2008	740 萬美元	2012 年被 Home Depot 收購	家事協助、家事雜務、家事服務平台
Samasource	2008	150 萬美元	非營利事業，協助開發中世界國家的工作者	先提供工作者基本技能訓練，再提供零工工作平台
Shift Pixy	2015	考慮上市中	主要據點在南加州	餐廳工作者的就業平台
Shortlist	2014	100 萬美元	最近完成測試	人資管理市場
Shuddle	*2014*	*1,220 萬美元*	*未能進一步取得資金後歇業*	*替家長接送孩子的服務*
Shypp	2013	6,210 萬美元	VentureBeat 估算價值 2.4 億美元	商業與民眾的物流平台
Skillshare	2010	2,275 萬美元	200 萬學生、付給教師共 500 萬美元	學生的學習社群；教師的人才平台
Spare Hire	2013	175 萬美元	配對 10 萬職務	財務職務的顧問平台
Spoonrocket	*2013*	*1,350 萬美元*	*2016 年 7 月歇業*	*高品質餐點外送*

公司	成立時間	資本與資金來源	規模	主要業務
Sprig	2013	5,670 萬美元	無資料	健康餐點外送
Stealth Worker	2015	12 萬美元；由 Y Combinator 資助	測試中	數據安全專家平台
Taskrabbit	2008	3,770 萬美元	不明；Bloomberg 指出成長趨緩	日常跑腿 app
Thumbtack	2009	2 億 7,300 萬美元	2015 年有價值 10 億美元的零工工作	家務、裝修、雜務平台
TopCoder	2001	1,130 萬美元	Appirio 收購	利用群眾外包資源的 IT 開發平台
TopTal	2010	未揭露；第一輪募資有 7 個投資人	不明	雇用前 3%的頂尖網路專家、設計師、財務自由工作者
Tripda	*2014*	*1,720 萬美元*	*2016 年歇業*	*長程運輸的共乘服務*
Uber	2009	87 億美元	市值預估達 600 億美元以上	共乘服務
UpCounsel	2012	1,400 萬美元	號稱是最大型的法律平台	連結企業律師的平台
Upwork/ework	2005	7,400 萬美元	號稱是最大型的自由工作者市場平台	IT、網頁開發、初階行銷
Wonolo	2014	790 萬美元	2.5 萬名經過篩選的工作者	單日臨時工隨選人員
WorkMarket	2010	4,100 萬美元	號稱第一名的人資管理市場平台	契約工與自由工作者的管理人力平台
Zaarly	2011	1,510 萬美元	三個主要城市	家事、家庭清潔、草坪 & 花園整理的行動 app
Zintro.com	2010	未揭露	22 萬名專門領域專家	顧問零工的全球平台，包括專案服務與咨詢服務等等

附錄 B 我的數位平台經驗
我的平台經驗

	各式資訊	審查	公司資訊	零工資訊	活動	提供零工工作
Consultants.com	○	○	○	○	✓	○
ExecRank	★	★	✓	★	★	✓
格理集團	★	★	○	○	○	○
Hourly Nerd	✓	○	✓	✓	✓	✓
LinkedIn Pro	○	○	○	✓	○	✓
普華永道	★	★	★	○	○	○
Quantifye	✓	✓	✓	○	○	○
Spare Hire	✓	✓	★	★	○	○

★ 永遠

✓ 有時

○ 很少／完全沒有

解釋

以上是我加入過的平台。有的平台僅要求提供 LinkedIn 自我介紹，有的要求詳細履歷，有的有進一步的篩選流程。部分平台會發送最新消息，其中一家積極提供進一步參與平台的方法。某幾家平台經常提供零工機會，但很少有工作機會符合我的技能……至少目前數量不多。

作者注釋

第 1 章

1. Dictionary.com, www.dictionary.com/browse/gig?s=t.

2. Steven Gill, "Good Riddance Gig Economy: Uber Ayn Rand and the Awesome Collapse of Silicon Valley's Dream of Destroying Your Job," *Salon*, March 27, 2016.

3. "The Global Economy Is Failing 35% of the World's Talent," *Exchange Magazine*, June 29, 2016.

4. MBO Partners, "State of Independence in America 2015," p. 14, www.mbopartners.com/state-of-independence/mbo-partners-state-of-independence-in-america-2015.

5. Devin Coldewey, "Elizabeth Warren Takes on the So Called Gig Economy in a Speech," *Tech Crunch*, May 20, 2016.

6. Arun Sundarajan, *The Sharing Economy: The End of Employment and the Rise of Crowd Based Capitalism* (Cambridge, Mass.: The MIT Press, 2016), location 371 of 5185.

7. "Measuring the Gig Economy—Inside the New Paradigm of Contingent Work," Staffing Industry Analysts, Crain Communications, 2016.

8. Dianna Farrell and Fiona Greig, "Paychecks, Paydays and the Online Economy—Big Data on Income Volatility," JP Morgan Chase Institute, February 2016, www.jpmorganchase.com/corporate/institute/document/jpmc-institute-volatility-2-report.pdf.

9. Josh Zumbrun, "Most Americans Don't Know About Ride Sharing and the Gig Economy," *Wall Street Journal*, May 19, 2016.

10. "Measuring the Gig Economy," Staffing Industry Analysts, p. 2.

11. MBO Partners State of Independence in America 2015, p. 2.

第 2 章

1. MBO Partners, "State of Independence in America Report 2016," p. 8,

www.mbopartners.com/blog/inside-the-2016-state-of-independence-in-america-from-mbo-partners.

2. Sandararajan, *The Sharing Economy*, location 422 of 5185.

3. James Mayika, Susan Lund, Jaques Bughin, Kelsey Robinson, Jan Mischke, and Deepa Mahajan, "Independent Work— Choice, Necessity and the Gig Economy," McKinsey Global Institute, October 2016, p. 72.

4. Mayika, Lund, Bughin, Robinson, Mischke, and Mahajan, "Independent Work," p. 30.

5. Adam C. Uzialko, "The Gig Economy's Growing Influence on the American Workforce," *Business News Daily*, July 1, 2016.

6. Staffing Industry Analysts, "Measuring the Gig Economy," p. 4.

7. Chris Neal, interview with the author.

8. The Future of Work podcast, "Why the Gig Economy is the Future of Work," Episode 61, November 29, 2015.

9. "Digital Matching Firms: A New Definition in the 'Sharing Economy' Space," Office of the Chief Economist, Department of Commerce, June 3, 2016.

10. Mayika, Lund, Bughin, Robinson, Mischke, and Mahajan, "Independent Work," p. 37.

11. "Gig Economy Index," a PYMNTS.com Hyperwallet Collaboration, October 2016, p. 4.

12. Silke Trost, "Age Matters—Myths and Truths About AME Generational Lifestyles," Nielsen Global Report, September 15, 2014, www.nielsen.com/pk/en/insights/news/2015/age-matters-myths-and-truths-about-ame-generational-lifestyles.html.

13. MBO Partners,"StateofIndependenceinAmerica2016," p.3.

14. John Boudreau, Ravin Jesuthasan, and David Creelman, *Lead the Work: Navigating a World Beyond Employment* (Hoboken, N.J.: Jossey-Bass, 2016), location 1801.

15. MBO Partners, "State of Independence Study 2015," p. 6.

16. MBO Partners, "State of Independence in America Report."

17. Millennials in the Work Force, Intuit website, payments.intuit.com/millennials-job-market/.

18. MBO Partners, "State of Independence in America 2016," p. 8.

19. MBO Partners, "State of Independence in America 2015."

20. 同前，p. 7.

21. 同前，p. 8.

22. 同前。

第 3 章

1. Future of Work podcast, "Why the Future of Work Is all About People," Episode 93, July 11, 2016.

2. Boudreau, Jesuthasan, and Creelman, *Leading the Work*, location 2664.

3. "Small Agency Series: Hub Strategy and Communications," *The San Francisco Egotist*, October 5, 2016.

4. Email to the author from Mike Cappelluti, November 10, 2016.

5. A Connect website, www.a-connect.com.

6. Business Talent Group blog, https://businesstalentgroup.com/blog.

7. Susan Adams, "Little Passports Founders Desperately Wanted VC Cash. Luckily They Got Zero," *Forbes*, November 2, 2016.

8. "CFOs Turn to Consultants as Challenges Mount," *Wall Street Journal*, July 25, 2016.

9. John Dame, "How the Gig Economy Can Fit Your Business," *Central Pennsylvania Business Journal*, September 30, 2016.

10. Email to the author from Marc McConnaughey, October 12, 2016.

第 4 章

1. Marion McGovern and Dennis Russell. *A New Brand of Expertise: How Independent Consultants, Free Agents and Interim Managers Are Transforming*

the World of Work. (Woburn, Mass.: Butterworth Heinemann, 2001), Chapter 5.

2. "From Zero to Seventy (Billion)," *The Economist*, September 3, 2016, p. 19.

3. Presented in a speech to The Alliance of CEOs, attended by the author, November 11, 2016.

4. Jeremy Goldman and Ali B. Zagat, *Getting to Like: How to Boost Your Personal and Professional Brand to Expand Your Opportunities, Grow Your Business and Achieve Financial Success* (Wayne, N.J.: Career Press, 2016), location 384 of 3738.

5. "Fifty-Eight Percent of Employers Have Caught a Lie on a Resume, According to a New CareerBuilder Survey," Careerbuilder.com website, www.careerbuilder.com/share/aboutus/pressreleasesdetail.aspx?sd=8%2F7%2F2014&id=pr8 37&ed=12%2F31%2F2014.

6. 同前。

7. Catherine Fisher, interview with the author.

8. Growing Social Media website, http://growingsocialmedia.com/fastest-growing-social-media-networks.

9. "Solo City 2016 Report," The Knight Foundation and The Solo Project, 2016, p. 44.

第 5 章

1. Dennis Russell, *Interim Management* (Oxford, England: Butterworth Heineman, 1998), p. 55.

2. McGovern and Russel, *A New Brand of Expertise*, p. 106.

第 6 章

1. "Interim Executive Confidential—The Interim Executive," Cerius Executives website, October 5, 2016, https://ceriusexecutives.com/interim-executive-confidential-independent-executive-4/.

2. Diana Farell and Fiona Greig, "Paychecks, Paydays and the Online

Economy—Big Data on Income Volatility," JP Morgan Chase Institute, p. 21.

3. David Evans and Richard Schmalensee, "The Business That Platforms Are Actually Disrupting," *Harvard Business Review*, September 21, 2016.

第 7 章

1. IRS website, www.irs.gov/pub/irs-utl/x-26-07.pdf.

2. Heather Sommerville, "Uber Has Lost Again in the Fight Over How to Classify its Drivers," *Reuters*, September 10, 2015.

3. Mike Isaac, "Ruling Tips Uber Drivers Away From Class Action Suits," *New York Times*, September 7, 2016.

4. Stephen Gandal, "Ubernomics: Here's How Much It Would Cost for Uber to Pay its Drivers as Employees," *Fortune*, September 17, 2015.

5. "Vendor Management System," Wikipedia website, https://en.wikipedia org/wiki/Vendor management_system.

6. Francine McKenna, "PWC's California Overtime Case Settles, but the Big Four Business Model Will Change Anyway," Bullmarket, https://medium. com/bull-market/pwc-s-california-overtime-case-settles-but-the-big-four-business-model-will-change-anyway-8598ce74c1da#.id9xohnif.

第 8 章

1. Email to the author, November 1, 2016.

2. Solo City 2016 Report, p. 14.

3. Sally Augustin, "Rules for Designing an Engaging Workplace," *Harvard Business Review*, October 2014.

第 9 章

1. Freelancer's Union website, www.freelancersunion.org/about/.

2. Lucy Lupion and Jill Rosenberg, "Statutory Protections for Freelance

Workers: New York City Paving the Way for a New Category of Worker?" JD Supra Business Advisor, November 3, 2016, www.jdsupra.com/legalnews/statutory-protections-for-freelance-40459/.

3. Ubiquity website, www.myubiquity.com/educate/.

4. The Hivery website, www.thehivery.com/events/.

5. "Top 100 Freelance Blogs," Upwork website, www.upwork.com/blog/2009/04/top-100-freelance-blogs/.

第 10 章

1. Mayika, Lund, Bughin, Robinson, Mischke, and Mahajan, "Independent Work," p. 67.

2. MBO Partners State of Independence Study, 2016, p. 2.

3. "Randstad US Study Projects Massive Shift to Agile Employment and Staffing Model in the Next Decade," PR Newswire, www.prnewswire.com/news-releases/randstad-us-study-projects-massive-shift-to-agile-employment-and-staffing-model-in-the-next-decade-300376669.html.

4. Mayika, Lund, Bughin, Robinson, Mischke, and Mahajan, "Independent Work," p. 4.

5. 多個資料來源皆引用這個數據，包括皮尤研究、美國退休人員協會（AARP）、《華盛頓郵報》（*The Washington Post*）。卡喬接受本書作者訪問時也採用這個數據。

6. Lael Brainard, "Evolution of Work," A Convening Cosponsored by the Board of Governors of the Federal Reserve System, the Federal Reserve Bank of New York, and the Freelancer's Union, New York, NY, November 17, 2016.

7. Eamonn Kelley, interview with the author.

8. "Work." *Merriam-Webster.*

9. Boudreau, Jesuthasan, and Creelman, *Lead the Work*, location 5100.

10. Seth D. Harris and Alan B. Krueger, "A Proposal for Modernizing Labor Laws for Twenty-First Century Work: The 'Independent Worker'," The

Hamilton Project, Brooking Institute, December 2015, p. 10.

11. Richard Menghello, "Sharing Economy Companies All Smiles After Trump's Transpo Pick," JD Supra Business Advisor, December 1, 2016.

12. Webinar hosted by WorkMarket, November 29, 2016, 2 p.m. EST.

13. "Common Ground for Independent Workers," Medium.com, November 9, 215, https://medium.com/the-wtf-economy/common-ground-for-independent workers-83f3fbcf548f#.rjitwyqmd.

14. Abigail Carlton, Rachel Kornberg, Daniel Pike, and Willa Seldon, "The Freedom Insecurity and Future of Independent Work," *Stanford Social Innovation Review*, December 21, 2016.

15. Cole Stangler, "Uber, but for Benefits: NY Tech Companies Propose a Gig Economy Solution," *The Village Voice*, January 3, 2017.

16. Daniel Rolf, Shelby Clark, and Corrie Watterson Bryant, "Portable Benefits in the 21st Century," The Aspen Institute, 2016, p. 10.

17. Chad Nitschke, interview with the author.

18. Yasmine Yahya, "Managing the Gig Economy," *The Straits Times*, December 26, 2016, www.straitstimes.com/business/economy/managing-the-gig-economy-economicaffair.

19. Solo City 2016 Report, p. 5.

第 11 章

1. "Korn Ferry Futurestep Makes 2017 Talent Trend Predictions," Korn Ferry website, December 2016, www.futurestep.com/news/korn-ferry-futurestep-makes-2017-talent-trend-prediction/.

2. "New Study Finds Freelance Economy Grew to 55 Million Americans This Year, 35% of Total U.S. Workforce," Upwork press release, www.upwork.com/press/2016/10/06/freelancing-in-america-2016/.

3. Randstad, "Workplace 2025."

4. Future of Work podcast, "Why the Future of Work Is All About People," Episode 93, July 11, 2016.

5. Dara Kerr, "RIP to the On-Demand Companies That Fizzled in 2016," December 18, 2016, www.cnet.com/news/rip-on-demand-companies-that-fizzled-shutdown-died-in-2016/.

6. Marshall Van Alstyne, Geoffrey G. Parker, and Paul Choudary, "Pipelines, Platforms and the New Rules of Strategy," *Harvard Business Review*, April 2016.

7. Stephen De Witt, interview with the author.

8. Boudreau, Jesuthasan, and Creelman, *Lead the Work*, location 3195.

9. Solo City 2016 Report, www.thesoloproject.com/the-quarterly/#new-page-1, p. 33.

10. Antonio Calabrese, interview with the author.

11. Chris Neal, interview with the author.

參考資料

書籍

Boudreau, John, Ravin Jesuthasan, and David Creelman. *Lead the Work: Navigating a World Beyond Employment* (Hoboken, N.J.: Jossey-Bass, 2015). Kindle edition.

Evans, David S., and Richard Schmalensee. *The Matchmakers: The New Economics of Mulitsided Platforms* (Cambridge, Mass.: Harvard Business Review Press, 2016). Kindle edition.

Goldman, Jeremy, and Ali B. Zagat, *Getting to Like: How to Boost Your Personal and Professional Brand to Expand Your Opportunities, Grow Your Business and Achieve Financial Success* (Wayne, N.J.: Career Press, 2016). Kindle edition.

Handy, Charles. *The Second Curve: Thoughts on Reinventing Society* (London: Penguin Random House, 2015). Audible edition.

Horowitz, Sara, and Toni Sciarra Poynter. *The Freelancer's Bible* (New York: Workman Publishing, 2012). Kindle edition.

Kossek, Eileen Ernst, and Brenda A. Lautsch. *The CEO of Me* (New York: Pearson Education Limited, 2007). Kindle edition.

McGovern, Marion, and Dennis Russell. *A New Brand of Expertise: How Independent Consultants, Free Agents and Interim Managers Are Transforming the World of Work* (Woburn, Mass.: Butterworth Heinemann, 2001).

Sundarajan, Arun. *The Sharing Economy: The End of Employment and the Rise of Crowd Based Capitalism* (Cambridge, Mass.: The MIT Press, 2016). Kindle edition.

文章

Adams, Susan. "Little Passports Founders Desperately Wanted VC Cash. Luckily They Got Zero." *Forbes*, November 2, 2016.

Augustin, Sally. "Rules for Designing an Engaging WorkPlace." *Harvard Business Review*, October 2014.

Brainard, Lael. "Evolution of Work," A Convening Co-Sponsored by the Board of Governors of the Federal Reserve System, the Federal Reserve Bank of New York, and the Freelancer's Union, New York. New York. November 17, 2016.

Carlton Abigail, Rachel Kornberg, Daniel Pike, and Willa Seldon. "The Freedom Insecurity and Future of Independent Work." *Stanford Social Innovation Review*, December 21, 2016.

"CFOs Turn to Consultants as Challenges Mount." *Wall Street Journal*. July 25, 2016.

Coldewey, Devin. "Elizabeth Warren Takes on the So Called Gig Economy in a Speech." Tech Crunch, May 20, 2016, http://techrunch.com/2016/05/20/Elizabeth-warren0takes-on-the-so-called-gig-economy-in-speech.

Dame, John. "How the Gig Economy Can Fit Your Business. *Central Pennsylvania Business Journal*, September 30, 2016.

Evans, David, and Richard Schmalensee. "The Business That Platforms Are Actually Disrupting." *Harvard Business Review*, September 21, 2016.

Gandal, Stephen. "Ubernomics: Here's How Much it Would Cost for Uber to Pay its Drivers as Employees." *Fortune,* September 17, 2015.

Gill, Steven. "Good Riddance Gig Economy: Uber Ayn Rand and the Awesome Collapse of Silicon Valley's Dream of Destroying Your Job." *Salon*, March 27, 2016.

"The Global Economy Is Failing 35% of the World's Talent." *Exchange Magazine*, June 29, 2016.

Isaac, Mike. "Ruling Tips Uber Drivers Away From Class Action Suits." *New York Times*, September 7, 2016.

Kerr, Dara. "RIP to the On-Demand Companies That Fizzled in 2016." December 18, 2016. www.cnet.com/news/rip-on-demand-companies-that-fizzled-shutdown-died-in-2016/.

Lupion, Lucy, and Jill Rosenberg. "Statutory Protections for Freelance Workers: New York City Paving the Way for a New Category of Worker?" JD Supra Business Advisor. www.jdsupra.com/legalnews/statutory-protections-for=freelnce-40459.

McKenna, Francine. "PWC's California Overtime Case Settles, but the Big Four Business Model Will Change Anyway." Bullmarket. https://medium.com/bull-market/pwc-s-california-overtime-case-settlesbut-the-big-four-business-model-will-change-anyway-8598ce74c1da#.id9xohnif.

Menghello, Richard. "Sharing Economy Companies All Smiles After Trump's Transpo Pick." JD Supra Business Advisor, December 1, 2016.

Nolan, Hamilton. "The Gig Economy Is Growing and it's Terrifying."*Gawker*, March 31, 2016.

"PWC Launches an Online Marketplace to Tap the Gig Economy."*Financial Times*, March 6, 2016.

"Randstad US Study Projects Massive Shift to Agile Employment and Staffing Model in the Next Decade." PR Newswire. www.prnewswire.com/newsreleases/randstad-us-study-projectsmassive-shift-to-agile-employment-and-staffing-model-in-the-nextdecade-300376669.html.

Rolf, Daniel, Shelby Clark, and Corrie Watterson Bryant. "Portable Benefits in the 21st Century." The Aspen Institute, 2016.

"Small Agency Series: Hub Strategy and Communications." *The San Francisco Egotist*, October 5, 2016.

Smith, Rebecca. "Most Benefits of the Gig Economy Are Completely Imaginary." *Quartz*, March 4, 2016.

Sommerville, Heather. "Uber Has Lost Again in the Fight Over How to Classify Its Drivers." *Reuters*, September 10, 2015.

Stabgker, Cole. "Uber, but for Benefits—NY Tech Companies Propose a Gig Economy Solution." *The Village Voice*, January 3, 2017.

Trost, Silke. "Age Matters: Myths and Truths About AME Generational Lifestyles." Nielsen Global Report, September 15, 2014. www.nielsen.com/pk/en/insights/news/2015/age-matters-myths-and-truths-aboutame-generational-lifestyles.html.

Uzialko, Adam C. "The Gig Economy's Growing Influence on the American Workforce." *Business News Daily*, July 1, 2016.

Van Alstyne, Marshall W., Geoffrey G. Parker, and Paul Choudary.Pipelines, Platforms and the New Rules of Strategy." *Harvard Business Review,* April 2016.

Williams, David. "Skilled Professionals Will Dominate the Gig Economy, Report Says." *Small Business Trends*, March 17, 2016.

Yahya, Yasmine. "Managing the Gig Economy." *The Straits Times*, December 26, 2016. www.straitstimes.com/business/economy/managing-the-gig-economy-economicaffairs.

"From Zero to Seventy (Billion)." *The Economist*, September 3, 2016. Zumbrun, Josh. "Most Americans Don't Know About Ride Sharing and the Gig Economy." Wall Street Journal, May 19, 2016.

———. "The Entire Online Gig Economy Might Be Mostly Uber." *Wall Street Journal*, March 28, 2016.

研究報告

"Digital Matching Firms: A New Definition in the 'Sharing Economy'Space." Office of the Chief Economist, U.S. Department of Commerce, June 3, 2016.

Farrell, Dianna, and Fiona Greig. "Paychecks, Paydays and the Online Economy—Big Data on Income Volatility." JP Morgan Chase Institute, February 2016. www.jpmorganchase.com/corporate/institute/document/jpmc-institute-volatility-2-report.pdf.

"Gig Economy Index," a PYMNTS.com Hyperwallet Collaboration, October 2016. www.hyperwallet.com/news-announcements/hyperwallet-gig-economy-index-unveils-worker-habits-preferencesfuture-goals/.

Harris, Seth D., and Alan B. Krueger. "A Proposal for Modernizing Labor Laws for Twenty-First Century Work: The 'Independent Worker.'"The Hamilton Project, Brooking Institute, December 2015.

Mayika, James, Susan Lund, Jaques Bughin, Kelsey Robinson, Jan Mischke, and Deepa Mahajan. "Independent Work—Choice, Necessity and the Gig Economy." McKinsey Global Institute, October 2016.

"MBO Partners State of Independence in America 2015." www.mbopartners. com/state-of-independence/mbo-partners-state-of-independence-in-america-2015.

MBO Partners. "6th Annual State of Independence Study."2016, www. mbopartners.com/state-of-independence/mbo-partners-state-of-independence-in-america-2016.

"Millennials in the Workforce." Intuit, https://payments.intuit.com/millennials-job-market/.

Rolf, Daniel, Shelby Clark, and Corrie Watterson Bryan. "Portable Benefits in the 21st Century." The Aspen Institute. 2016.

"Solo City Report." The Knight Foundation and the Solo Project, 2016. www. thesoloproject.com/the-report/.

Staffing Industry Analysts. "Measuring the Gig Economy: Inside the New Paradigm of Contingent Work." Staffing Industry Analysts, Crain Communications, 2016.

網路資源

A Connect, www.a-connect.com.

Business Talent Group blog. https://businesstalentgroup.com/blog/.

Careerbuilder.com. www.careerbuilder.com/share/aboutus/pressreleasesdetail.as px?sd=8%2F7%2F2014&id=pr837&ed=12%2F31%2F2014.

Cerius Executives. https://ceriusexecutives.com/interim-executive-confidential-independent-executive-4/.

Dictionary.com. www.dictionary.com/browse/gig?s=t.

Freelancer's Union. www.freelancersunion.org/about/.

The Future of Work Podcast. "Why the Future of Work Is All About People." Episode 93, July 11, 2016.

The Future of Work Podcast. "Why the Gig Economy Is the Future of Work." Episode 61, November 29, 2015.

IRS.gov. www.irs.gov/pub/irs-utl/x-26-07.pdf.

Korn Ferry website. www.futurestep.com/news/korn-ferry-futurestep-makes-2017-talent-trend-predictions/.

MBO Partners blog. www.mbopartners.com/resources/article/paperwork-process-politics-government-contracting.

Medium.com. https://medium.com/the-wtf-economy/common-ground-forindependent-workers-83f3fbcf548f#.rjitwyqmd.

Ubiquity. www.myubiquity.com/educate/.

Upwork. www.upwork.com/blog/2009/04/top-100-freelance-blogs/.

WorkMarket webinar. November 29, 2016, 2 p.m. EST.

謝辭

「感謝所有讓這一天成真的人。」
——美國棒球名人尤吉·貝拉（Yogi Berra）

　　在寫作過程中，我突然想到寫書其實和開公司很像。最初的時候，構想只存在在腦中。你前思後想，反覆推敲，構想不斷變化，不斷成長。接著到了某個時間點後，你邀請其他人一起加入。你分享自己的構想，請他們給了指教，提出看法。大家提出的建議，有的你認真考慮，有的沒有接受，畢竟這是你的構想。你重新定義，釐清內容，記錄尚未被回答的問題。接下來，你擬定讓構想成真的計畫，開始回答問題，深入挖掘主題，找出得以推動構想的事實。如果是非小說類書籍的作者，在執行寫作的最後一個步驟時，必須密集與很多人碰面，因為訪問專家是讓訊息更完善的關鍵。

　　然而，過了某個時刻後，寫書開始變得和開公司不一樣，作者承擔的風險比創業者高，因為創業者推出產品或服務後，相對而言一下子就會得到市場回饋，得以依據某個功能的顧客接受度，加以調整產品，滿足客戶需求。在

一連串的意見回饋過程中,產品是否得到市場認可,從大家是否掏錢購買即可得知。

作者則不一樣。作者展開寫作過程後,無從依據市場意見修改內容,只能靠自己反覆推敲。創業者靠著持續不斷的回饋循環,改善自己的服務,但作者無法在寫作過程中得知讀者的反應,只能冒險一直寫下去,期盼自己寫出來的東西夠完整、對讀者來說有用處。

由於一路上許許多多人的協助,我想我寫出的東西還不至於太離譜。把希拉蕊・柯林頓(Hillary Clinton)的話做點修改,就是「寫一本書需要出動全村的人」。我很幸運,我不只有一整村的人幫我,而是整個城市隨時提供協助。

多位領域專家挪出時間提供洞見與觀點。要不是因為有他們的幫忙,我不可能寫成這本書。他們有很多是我在 M 平方公司時期的老友或同事。事實上,本書的訪談最初就是從 M 平方公司著手。我訪問總經理德克・索德斯壯(Dirk Sodestrom),請教他怎麼看今日與未來的獨立專家世界。老實講,我有點感慨萬千,感到光陰飛逝,不過那次的訪談十分重要,替接下來的訪談定調:我的身分已經變成熟知內情的旁觀者,不再是參與者。德克和以前一樣熱心助人,幫我聯絡其他團隊成員與顧問,還讓我利用 M 平方顧問網進行獨立顧問調查,提供關鍵受訪者。

讀者可能會注意到，本書除了多次提及 M 平方公司，還會提到商業人才集團與 MBO 夥伴公司。背後的原因是我認識這兩家公司很多年了，我信任他們的領導人裘蒂·米勒與傑納·扎伊諾（Gene Zaino）。這兩位獨立工作界的關鍵人物慷慨撥出時間，協助我完成這本書。同樣的，很高興能夠重新連絡上麥肯利行銷夥伴公司的米雪兒·博格斯（Michelle Boggs）。執行長聯盟的同事也很願意幫忙，尤其是 Clever 公司的凱特·林肯。桑德·蘇裘（Sandor Sochot）、奈森·班威特（Nathan Banwart）、克里斯·尼爾及其他好幾位顧問，也都樂意解釋自己是如何踏上顧問這條路。我在青年總裁協會的朋友瑞傑·辛哈、麥克·卡普盧提（Mike Cappelluti）、萊斯莉·伯格魯，也讓我分享他們的故事。

本書有許多受訪者之前並不認識，好幾位是透過網路邀請。雖然許多公司拒絕我（共同工作空間 WeWork 顯然原則上不接受任何訪談），不過也有好幾間公司欣然答應，包括 SpareHire 的維克拉姆·亞霍克（Vikram Ashok）、Experfy 的哈普瑞特·辛吉、Zintro 的史都華·盧譚（Stewart Lewtan）、地堡保險的查德·倪采克、Expert360 的布利姬·盧敦（Bridget Loudon）與保羅·安德森（Paul Anderson）、Brandyourself 的派崔克·安布朗（Patrick Ambron）、Stealth Worker 的肯·拜勒（Ken Baylor）、Boonle 的東尼·卡拉布理斯、UpCounsel 的梅森·布萊克（Mason Blake）、WorkMarket 的史蒂芬·迪威特、Shortlist 的喬

伊．福瑞瑟（Joey Fraser）、臨時高階經理人協會的羅伯特．喬登（Robert Jordan）、Shift Pixy 的史蒂夫．霍姆斯（Steve Holmes）、LinkedIn 的凱薩琳．費雪。

各界專家學者慷慨分享他們的真知灼見，我要特別感謝新興研究公司（Emergent Research）的史帝夫．金（Steve King）、德勤的埃蒙．凱利、科羅拉多大學的韋恩．卡喬、工作大未來社群的雅各布．摩根、SOLO 計畫的喬治．詹德隆。

少了專家，我就無法建構本書的知識體系。然而，要是少了幫我看稿的人士，就無法以最佳方式呈現。我寫人生中第一本書時，當時仍在管理 M 平方公司，因此員工就是我的編輯群。這本書則不同。在離截稿日期還有一兩個月時，我發現我需要多幾雙眼睛幫我確認。我除了需要熟悉本書主題、能確認我的觀點無誤的人士，也需要門外漢幫我讀一讀，看看對於不熟悉這個職場的人來講，我的解釋夠不夠清楚。我的前夥伴寶拉．雷諾（Paula Reynolds）與克萊爾．麥克奧利夫（Claire McAuliffe）完美扮演第一個角色。兩人十分熟悉本書要談的基礎內容，因此較新的內容一下子就抓到關鍵問題。另一群大好人則接下後面那個任務，包括蘇珊．盧皮卡（Susan Lupica）、艾莉森．赫斯（Alison Hess）、比爾．莫瑞（Bill Murray）。由於我提到許多數位議題，我希望請不同年齡層的人幫我確認，我提到的故事與方案是否適用不同世代。我傑出的外甥女梅

根·馬薩隆（Megan Massaron）與莎拉·諾頓（Sara Naughton）是 X 世代的代表。千禧世代的觀點則由我的女兒摩根（Morgan）與諾拉（Nora）提供。她們的寫作功力讓我了解，我和先生出的教育費沒白費。

在本書寫作計畫的一開始，之前的董事會同事路易·派特勒（Louis Patler）幫了很大的忙，解答我是否應該自費出版的問題。在決定「不該」自費出版的答案後，他介紹經紀人約翰·韋力（John Willig）給我。約翰提供寶貴的協助，幫助我說出想說的事，瞄準讀者，找出關鍵賣點。

最後我要感謝丈夫傑瑞（Jerry）。他不懂為什麼我明明可以悠閒打高爾夫，卻跑去寫書，但依舊大力支持。他忍受我不能一起吃飯，週末都在寫作，還在交稿期限逼近時焦躁易怒。親愛的，別擔心，現在都寫好了，生活會不一樣的。我很榮幸自己是零工經濟的一員，我加入零工經濟是為了享有彈性，掌控自己的生活。現在這本書已經完成，我再次掌控我的人生。我很期待能夠多打一點高爾夫球。

財經企管 BCB659

自由工作的未來
零工經濟趨勢的機會與挑戰
Thriving in the Gig Economy

作者——瑪莉安‧麥加蒙（Marion McGovern）
譯者——許恬寧

事業群發行人／CEO／總編輯——王力行
資深行政副總編輯——吳佩穎
責任編輯——王映茹、彭子源（特約）
封面設計——FE 設計

出版者——遠見天下文化出版股份有限公司
創辦人——高希均、王力行
遠見‧天下文化‧事業群 董事長——高希均
事業群發行人／CEO——王力行
天下文化社長／總經理——林天來
國際事務開發部兼版權中心總監——潘欣
法律顧問——理律法律事務所陳長文律師
著作權顧問——魏啟翔律師
社址——台北市 104 松江路 93 巷 1 號 2 樓
讀者服務專線——02-2662-0012 ｜ 傳真——02-2662-0007；02-2662-0009
電子郵件信箱——cwpc@cwgv.com.tw
直接郵撥帳號——1326703-6 號 遠見天下文化出版股份有限公司

排版廠——極翔企業有限公司
製版廠——東豪印刷事業有限公司
印刷廠——盈昌印刷有限公司
裝訂廠——中原造像股份有限公司
登記證——局版台業字第 2517 號
總經銷——大和書報圖書股份有限公司 電話——02-8990-2588
出版日期——2018 年 12 月 25 日第一版第 1 次印行

國家圖書館出版品預行編目 (CIP) 資料

自由工作的未來／瑪莉安‧麥加蒙 (Marion
McGovern) 著；許恬寧譯. -- 第一版. -- 臺北市：
遠見天下文化，2018.12
272 面；14.8×21 公分. -- (財經企管；
BCB659)

ISBN 978-986-479-611-3（平裝）

1. 創業 2. 職場成功法

494.1   107022551

定價——NT360 元
ISBN——978-986-479-611-3
書號——BCB659
天下文化官網——bookzone.cwgv.com.tw

天下文化
Believe in Reading